의류기사 · 패션디자인 산업기사

TECHNICAL PATTERN MAKING

테크니컬 패턴메이킹

작업형

김경애

예문사

21세기는 무한경쟁시대이다.

세계화된 현대사회 속에서 패션은 자신만의 이미지와 창의력을 표현하는 매우 중요한 수단이자 다른 사람과 커뮤니케이션할 수 있는 매우 중요한 매체로 기능하고 있다. 이제 패션은 현대인에게 필수 불가결한 요소가 된 것이다.

패션에 대한 관심이 날로 높아지면서 패션산업도 지식집약산업으로 도약하고 있는바, 패션시장은 특성화 · 다양화되며 빠르게 변화하고 있다. 패션은 소비자들의 복합적인 욕구 충족을 위한 전문적이고 세분화된 지식을 가진 전문인력을 그 어느 때보다 필요로 하고 있다.

이러한 시대적인 요구에 부응하기 위하여 만들어진 패션디자인 산업기사 및 의류기사 자격제도는 의류 패션산업분야의 역량을 갖춘 인재를 육성하기 위해 한국산업인력공단에서 시행하는 국가 자격고시로서 그 내용은 다음과 같다.

✳ 패션디자인 산업기사

- 1차(필기시험) : 피복재료학, 패션디자인론, 의류상품학 및 복식문화사, 패턴공학 및 의복구성학
- 2차(실기시험) : 복합형
  - 1부 : 주어진 테마와 지급된 재료를 가지고 디자인하는 작업과 그에 적합한 도식화를 작성하는 과제 수행
  - 2부 : 지급된 소재와 제시된 치수를 적용하여 제도를 설계하고 패턴을 제작하여 재단한 후 가봉제작 또는 재봉틀을 이용해 의복을 제작하는 과제 수행

✳ 의류기사

- 1차(필기시험) : 피복재료학, 피복환경학, 의복설계학, 봉제과학, 섬유제품시험법 및 품질관리
- 2차(실기시험) : 복합형
  - 1부 : 패션디자인 산업기사와 유사하나 추가로 제품의 유행에 대한 상품성 조사, 디자인개발 및 생산 가능성 여부 검토, 중요한 옷감의 물리적 특성에 대한 지식 및 실무업무에 따른 직무 수행 가능 여부에 관한 과제 수행
  - 2부 : 패션디자인 산업기사와 유사한 방법으로 과제 수행

본서는 이러한 전문인력 양성의 요구에 부응하기 위하여 필자의 오랜 실무 및 교육 경험을 바탕으로 이론과 실무지식을 가장 효율적으로 접목하여 구성하였다. 따라서 자격시험을 위한 수험서나 대학교재로서 창의적 역량을 갖춘 전문인을 양성하는 데 훌륭한 길잡이가 되리라 기대한다.

　　특히 패션디자인 산업기사 및 의류기사 자격제도는 의류 패션산업분야의 인재 육성을 위해 한국 산업인력공단에서 시행하는 국가기술 자격검정 고시이다. 1차 필기시험항목은 패션디자인론, 피복재료학, 의류상품학, 복식문화사, 패턴공학 및 의복구성학 영역으로 편성되어 있으며, 2차 시험은 실기과목으로 패션디자인과 의복제작으로 나뉘어 시행하고 있다. 이에 본서는 검정시험에 필요한 실기분야에 필요한 기본적인 이론과 함께 기출문제 및 예상문제를 수록하여 수험서의 역할은 물론 대학의 교과목 교재로서도 적합성을 높이고자 노력하였다.

　　본서가 출간되기까지 많은 수고를 함께한 제자 선생님들(김선희, 이현희, 염희숙, 황윤경, 조광순)에게 고마움을 표하며, 출간을 맡아 수고해주신 예문사 정용수 사장님, 그리고 편집부 직원들께 깊은 감사를 드린다.

2018년 2월

저자 김 경 애

QUALIFICATION 출제기준

패션디자인산업기사
Industrial Engineer Fashion Design

직무분야	섬유	자격종목	패션디자인산업기사

■ 직무내용 : 주어진 테마에 의해 각종 의복을 디자인하는 작업과 도식화 작업, 지급된 재료와 주어진 의복에 제시한 치수대로 패턴을 제도, 마름질, 손가봉하는 패턴제작작업 또는 재단하여 지급된 복지에 재봉틀과 손 바늘을 이용하여 의복을 제작하는 직무를 수행

■ 수행준거 : 패션디자인의 실무를 할 수 있을 것
　　　　　　형지제도하기 및 형지 놓기를 할 수 있을 것
　　　　　　재단 및 가봉을 할 수 있을 것
　　　　　　바느질 작업, 단춧구멍 만들기 및 마무리를 할 수 있을 것

실기검정방법	작업형	시험시간	7시간 정도

실기과목명	주요항목	세부항목	세세항목
패션디자인 및 의류제작 작업	1. 패션디자인	1. 패션디자인의 실무 작업하기	① 시간, 때, 장소, 연령에 적합한 디자인을 할 수 있어야 한다. ② 패션일러스트레이션(선, 채색기법, 재료)을 표현할 수 있어야 한다. ③ 작업지시서 작성(도식화, 봉제방법, 원부자재, 산출 소요량, 명세서)을 할 수 있어야 한다.
	2. 패턴제작	1. 형지제도하기 및 형지 놓기	① 체형별 디자인을 할 수 있어야 한다. ② 형지제도(각 부위별 옷본제작)를 할 수 있어야 한다. ③ 전체 및 부위별 치수재기를 할 수 있어야 한다.
	3. 재단 및 가봉	1. 재단하기	① 무늬맞춤을 할 수 있어야 한다. ② 재료의 재단을 결정할 수 있어야 한다.
		2. 가봉하기	가봉, 시착, 보정을 할 수 있어야 한다.
	4. 봉제	1. 바느질 작업하기	① 자리잡음, 홈줄임, 시접처리를 할 수 있어야 한다. ② 봉제의 보조작업 및 본봉작업을 할 수 있어야 한다. ③ 각종 재봉기를 사용할 수 있어야 한다.
		2. 단춧구멍 만들기	① 각종 단춧구멍의 제작을 할 수 있어야 한다. ② 단추달기를 할 수 있어야 한다.
		3. 마무리하기	각종 바느질 방법을 결정할 수 있어야 한다.

패션디자인산업기사(작업형) 세부사항

(약 7시간 동안 1부, 2부로 나누어 시행된다.)

1부

- 제시된 테마에 맞추어 적합한 디자인을 하고 패션일러스트레이션으로 그림을 그려야 한다. 이때 채색은 최소한의 기본적인 방법이 요구되며, 채색의 도구나 재료에는 제한이 없다.
- 작성된 디자인에 대한 작업지시서 작성이 요구된다. 작업지시서에는 도식화, 원·부자재 소요량 산출 및 봉제방법과 순서, 주의사항 등을 상세하게 기입하여야 한다.

2부

- **패턴시험** : 제시된 문제에 대한 패턴 설계를 하며, 패턴 설계에는 기준선과 실제 선을 구분하여 설계하고 치수나 부호, 기호, 약어 등의 적절한 사용·적용이 요구된다. 이때 패턴 2부를 작성하여 1부는 제출하고 남은 1부는 수검자가 재단하는 데 사용토록 하고 있다.
- **가봉시험** : 가봉은 손바느질로 상침(누름)시침으로 전체 또는 반쪽만 가봉시침하는 방법이 요구된다. 가봉시험 평가방법은 가봉된 옷을 인대에 피팅한 후 평가하므로 주어진 시간 내에 문제에 적합한 실루엣 구현과 바느질 방법이 요구된다.
- **봉제시험** : 봉제 시험에는 블라우스, 스커트, 팬츠, 원피스 드레스, 재킷 등 다양한 아이템들이 출제되며, 디자인에 적합하도록 재단된 옷감이 지급된다. 재단되어 지급되는 옷감은 주어진 시간 내 완제품으로 만들어야 하며, 완성된 옷을 인대에 피팅한 후 평가하게 된다. 그러므로 주어진 시간 내로 작품을 완성하기 위해서는 지속적인 반복 연습이 요구된다.

✻ **시행처** : 산업인력공단(http : //www.q-net.or.kr)

✻ **시험방법**

구분	필기시험	실기시험
시험과목	피복재료학, 패션디자인론 의류상품학 및 복식문화사, 패턴공학 및 의복구성학	패션디자인 및 의류제작작업
검정방법	객관식 4지 택1형	작업형
시험시간 및 문항수	2시간(과목당 30분), 총 80문항(과목당 20문항)	약 7시간

✻ **합격기준**
- 필기 : 100점을 만점으로 하여 과목당 40점 이상, 전 과목 평균 60점 이상
- 실기 : 100점을 만점으로 하여 60점 이상

✻ **시험일정** : 연간 3~4회 시행, 필기시험 발표 후 약 1개월 후 실기(작업형) 시험 시행

의류기사
Engineer Clothing

직무분야	섬유	자격종목	의류기사

- 직무내용 : 수주된 직물의 생산가능성 여부 검토, 제품의 유행성에 대한 시장성 조사, 새로운 제품 및 디자인 개발, 표준화된 검사, 장비 및 방법 등을 이용하여 가공된 옷감의 물리적 특성시험, 완성된 제품의 품질상태 점검 등의 실무 업무에 대한 직무를 수행

- 수행준거 : 복식디자인을 할 수 있을 것
  피복 설계를 할 수 있을 것
  섬유시험을 할 수 있을 것

실기검정방법		복합형	시험시간	필답형 – 1시간 30분 작업형 – 6시간 정도
실기과목명	주요항목		세부항목	세세항목
피복과학, 피복설계 및 제작실무	1. 복식디자인		1. 복식디자인하기	복식디자인 및 피복디자인을 할 수 있어야 한다.
	2. 피복설계		1. 패턴제작하기	패턴제작을 할 수 있어야 한다.
			2. 옷감량 계산하기	옷감량의 계산을 할 수 있어야 한다.
			3. 피복제작하기	피복제작을 위한 계측방법을 할 수 있어야 한다.
	3. 섬유시험		1. 섬유감별하기	주어진 섬유를 감별할 수 있어야 한다.

✖ 모든 자격시험은 1차(필기) 시험 합격 후 2년간 그 자격이 유효하게 유지되므로, 해당 기간 동안 2차(작업형) 시험을 재응시할 수 있다.

의류기사(복합형) 세부사항

(약 7시간 30분 동안 1부, 2부로 나누어 시행된다.)

1부

- 주어진 테마에 적합한 디자인을 하고 패션 일러스트레이션으로 표현할 수 있어야 한다.
- 작업지시서(도식화, 봉제방법, 원 · 부자재 소요량 산출 및 명세서)를 작성할 수 있어야 한다.
  - **필답형** : 20문항 내외로 출제되는 주관식 문제를 해결할 수 있어야 하며, 제시된 섬유를 감별할 수 있어야 한다.

2부

- **패턴시험** : 제시된 문제에 대한 패턴 설계를 하며, 패턴 설계에는 기준선과 실제 선을 구분하여 설계하고 치수나 부호, 기호, 약어 등의 적절한 사용 · 적용이 요구된다. 이때 패턴 2부를 작성하여 1부는 제출하고 남은 1부는 수검자가 재단하는 데 사용토록 하고 있다.
- **가봉시험** : 가봉은 손바느질로 상침(누름)시침으로 전체 또는 반쪽만 가봉시침하는 방법이 요구된다. 가봉시험 평가방법은 가봉된 옷을 인대에 피팅한 후 평가하므로 주어진 시간 내에 문제에 적합한 실루엣 구현과 바느질 방법이 요구된다.
- **봉제시험** : 의류기사 검정에서는 옷을 직접 봉제하여 완제품을 만드는 시험방법은 채택하지 않고 있다.

✖ **시행처** : 산업인력공단(http : //www.q-net.or.kr)

✖ **시험방법**

구분	필기시험	실기시험
시험과목	피복재료학, 피복환경학, 피복설계학 봉제과학, 섬유제품시험 및 품질관리	피복과학 피복설계 및 제작실무
검정방법	객관식 4지 택1형	복합형
시험시간 및 문항수	2시간 30분(과목당 30분), 총 100문항(과목당 20문항)	필답형 1시간30분, 작업형 6시간 정도

✖ **합격기준**

- **필기** : 100점을 만점으로 하여 과목당 40점 이상, 전 과목 평균 60점 이상
- **실기** : 100점을 만점으로 하여 60점 이상

✖ **시험일정** : 연간 1회 시행, 필기시험 발표 후 약 1개월 후 실기(작업형) 시험 시행

- 본서에서는 의류산업 현장에서 혼돈되게 사용되는 여러 의류 관련 용어들을 패션용어사전, 산업자원부 기술표준원, 한국의류산업협회에 따른 용어와 한국의류학회 의류용어집(의복구성 및 제도설계)을 참고하여 용어의 통일화를 시도하였다.

- 표제어, 한자어, 대응외국어 등을 한글로 잘못 풀어쓰는 것을 최소화하고 현재 사용하고 있는 용어들에 대하여 표준동의어를 사용하도록 제시하였다.

  > 굴신체형(屈身體形) → 굽은 체형 → 숙인 체형
  > 가부라 → 접단 → 끝단 접기
  > 낫찌 → 노치 → 너치(Notch) → 맞춤표, 맞춤점
  > 가에리 → 아랫깃, 라펠(Lapel)
  > 나라시 → 연단, 고루펴기 등

- 본서는 정확한 체형분석과 오랜 연구를 바탕으로 좀 더 아름다운 실루엣을 창출하기 위해 이미 많은 검증을 거친 제도설계 방법을 제시하였다. 이를테면 인체의 특성상 상하로 허리선을 절개했을 때 옆선의 허리선이 늘어짐을 볼 수 있다. 본서에서는 옆선의 늘어짐을 방지하고 실루엣의 아름다움을 보완하기 위해 옆선의 Waist Line점을 1.5~2cm 정도 위로 올려 적용하여 옆선에서부터 점차적으로 늘어짐을 보완하는 방법을 제시하였다.

- 의복제도 설계 시 용구를 사용함에 있어 좀 더 능률적이고 정확한 제도설계를 돕기 위해 각자(기본자) 사용하는 방법을 수록하였다.

✖ 각자(기본자) 사용하는 방법

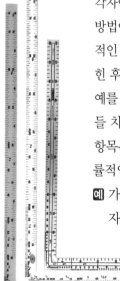

각자에서 기본자는 대단히 능률적이고 합리적이며 과학적으로 고안된 자 사용 방법이다. 사용하는 방법을 익힌다면 제도 설계 시 좀 더 빠르고 정확하며 능률적인 제도설계를 하는 데 도움이 될 것이다. 그러므로 자를 사용하는 방법을 익힌 후에 제도설계에 적용하도록 해보자.

예를 들어 기본자를 사용할 경우, 가슴둘레 또는 허리둘레, 엉덩이둘레 등 이들 치수의 ½을 기본자에 적용하는 방법이다. 가슴둘레, 허리둘레, 엉덩이둘레 항목은 인체에서 기본이 되는 치수이며 중요한 위치에 있다. 본서에는 쉽고 능률적인 제도설계를 위해 기본자 사용법을 병행 사용토록 제시되어 있다.

> 가슴둘레 86의 ½인 43 또는 허리둘레 68(34), 엉덩이둘레 96(48)은 기본자의 숫자이다. 제도상에서 필요한 분수에 기본자의 숫자를 적용, 각진 끝에서부터 찾은 숫자까지가 필요한 치수가 된다.

✖ 제도설계, 패턴제작을 위한 기호 및 부호

의류패턴의 표시기호는 한국산업규격(K0027)으로 규정되어 있으며 많은 기호와 부호가 있으나, 제도설계 및 패턴제작 시에 많이 이용하는 기호에 대해서만 기술하였다.

기호	항목	기호	항목
	기초선 안내선		맞주름 주름 접는 방향
	완성선		등분표시
	안단선		올 방향선과 결 방향선
	꺾임선		바이어스
	골선		직각표시
	맞춤표시		다트
	개더잡음		오그림표시
	절개선		늘임
	선의 교차		줄임
	외주름		단추 단춧구멍 및 단추위치표시
	너치(Notch)		접음표시(M.P) (manipulation)
	심지표시		골선표시

원형과 다트(Bodice & Dart)

네크라인 & 칼라(Neckline & Collar)

소매(Sleeve)

8 CHAPTER

블라우스(Blouse)

9 CHAPTER.

스커트(Skirt)

10 CHAPTER

팬츠(Pants)

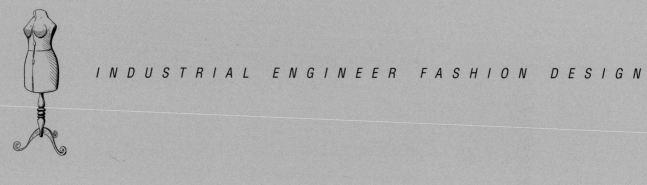

INDUSTRIAL ENGINEER FASHION DESIGN

FASHION
DESIGN

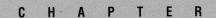

CHAPTER

01

의복제작을 위한
인체의 관찰

01 CHAPTER

의복제작을 위한 인체의 관찰

인체의 형태는 골격, 근육의 크기와 양, 그리고 피하지방의 부착과 연령, 성별, 인종에 따라 다양하며 개인의 차가 크다. 또한 같은 사람일지라도 성장의 변화에 따라 좌·우의 골격 형태가 바뀌고 체형이 달라지기도 한다.

이처럼 인체는 골격이 가장 기본적인 형태를 만들고 운동의 중심인 근육과 그 위의 피하지방을 통해 형태가 완성되는 것이다. 좋은 옷을 만들기 위해서는 몸의 생김새와 외관을 잘 파악하여 단점을 보완하면서 인체의 굴곡을 최대한으로 활용한 미적 표현이 되어야 한다. 뿐만 아니라 인체의 생리학적 기능에 부합하고 환경에도 적절히 대응하여 인체를 보호하는 것이어야 한다. 따라서 아름답고 편안하며 활동적인 옷은 인체의 관찰과 이해에서부터 출발한다.

SECTION 01 | 인체의 구조와 인체의 방향

사람의 기본적인 형태는 단단한 뼈와 연골(뼈, 관절, 근육, 피부)에 의해 이루어지며, 몸의 움직임은 근육의 수축과 이완에 따라 관절에 의해 일어나는 움직임의 결과이다.

인체의 모양은 관절운동에 따라 변형이 이루어진다.

- 뼈(Bone) : 인체를 구성하는 뼈는 206개로서 지지대, 운동, 보호 등 여러 가지 중요한 기능을 수행한다.
- 관절(Joint) : 두 개 이상의 뼈 또는 연골과 뼈가 만나는 곳을 관절이라 하는데, 이 관절에 의해 운동이 가능하게 된다. 대체로 관절은 움직이거나 움직임을 멈출 때 중요한 기능을 하며, 관절의 모양에 따라 운동의 방향과 범위가 다르다. 따라서 의복을 제작할 때 관절은 매우 중요하며 적절한 운동량과 의복 형태의 관계는 끊임없이 연구해야 할 과제이다.
- 근육(Muscle) : 근육은 인체에서 약 40% 정도 차지하며 뼈를 움직여 동작을 만들어내고 골격을 유지함으로써 인체의 형태를 만든다. 근육은 수축과 이완, 흥분과 탄력 등 신체의 각 부위의 움직임을 가능하게 하는 섬유의 조직으로 이루어져 있다.
- 피부(Skin) : 피부는 인체를 감싸고 있는 구조로서 영양상태, 질병, 연령, 환경 등에 따라 많은 변화를 보이며, 시각적으로 식별이 가능한 최대의 기관이다. 체중의 약 16%를 차지하며 표피, 진피, 피하조직의 세층으로 구성되어 있고, 모발, 땀선, 피지선 등 부속기관이 있어 인체를 보호하고 발한작용으로 체온을 조절하고 지방을 저장하며 감각기능의 역할도 한다. 또한 사람의 외모를 결정짓는 매우 중요한 요소이기도 하다.

(1) 인체의 비율

인체의 비율은 외모를 결정짓는 중요한 요인 중 하나로서 머리꼭대기에서 발바닥까지 수직거리로 나눈 것이며, 성인의 경우 7~8두신 사이의 신체 비율을 갖는다.

태어나서 성인이 될 때까지 인체비율은 계속 변하며, 의복치수를 결정하는 중요한 요인이 된다. 예를 들어 어린이는 머리가 크고 사지가 짧고 작다. 그러나 자랄수록 신장이 머리보다 현저히 커지고 사지는 길고 굵어져, 18세를 전후하여 성인과 같은 체형을 갖게 된다.

인체의 각 부분의 성장비율은 균일하지 않기 때문에 연령에 따라 신체의 형태와 비례에는 많은 변수가 따른다.

(2) 연령에 따른 체형변화

① 여성이 20대가 되면 대체로 균형 잡힌 체형을 갖추어 이후로 거의 변화가 없다. 그러다가 30대가 되면 출산 등으로 인하여 서서히 가슴이 처지고 허리둘레와 엉덩이둘레가 증가한다.

② 40~50대 중년여성은 현저하게 체형이 변화하는데, 가슴은 처지고 겨드랑이, 허리, 엉덩이 부위에 집중적으로 체지방이 쌓이면서 처지게 된다. 허리의 굴곡은 적어지고 가슴둘레, 허리둘레, 엉덩이둘레의 차이가 점점 감소하게 된다.

③ 60대 이후 노년기에는 등이 굽고 가슴이 처지며, 앞길이는 감소하는 반면 등길이는 길어지고 신장이 작아진다. 그리고 사지는 점차적으로 가늘어지고 허리와 엉덩이 부위에 체지방이 집중되어 허리굴곡이 감소하며 복부비만이 시작된다. 또한 신체가 노화됨에 따라 무게중심이 앞으로 쏠리게 되므로 등이 굽은 체형, 허리가 굽어 상체가 앞으로 기운체형, 등이 둥근 체형, 배가 나오면서 상체가 뒤로 휜 체형 등 다양한 형태 변화를 보인다.

(3) 남녀 체형의 형태

남자와 여자의 체형은 생김새 자체가 다르다.

일반적으로 남자는 근육과 골격이 발달하여 체형이 각이 진 반면 여자는 피하지방의 발달로 유연한 곡선 형태를 지닌다. 남자는 여자보다 어깨가 넓고, 팔과 다리가 길며, 키가 크다. 대부분의 치수에서 남자가 크지만 엉덩이와 허벅지 부위는 대체로 여자가 크다.

이러한 남녀 체형의 차이는 주로 성장기를 거치면서 나타나며, 일반적으로 8세 정도까지는 남녀 구분이 크게 나타나지 않는다. 그러나 2차 성징을 거치면서 성별에 따라 체형의 형태가 점점 차이를 보이게 된다.

10~13세 정도가 되면 체중은 여자가 남자보다 높게 나타나고, 1·2차 성징의 시기를 거치면서 외관상 뚜렷한 차이를 드러내 성별을 구분할 수 있게 된다. 이때부터 남자는 골격이 발달하고 여자는 젖가슴이 발달하게 된다.

체형에서 여자와 남자가 크게 다른 점은 가슴과 허리, 엉덩이의 굴곡이다. 여자의 체형은 엉덩이의 피하지방과 유방의 돌출로 허리가 가늘어 보이고, 몸 전체에 피하지방이 있어 몸의 곡선이 부드럽다.

이러한 체형의 분류는 개인의 주관적 판단이라기보다는 인류학자나 의학자, 생리학자 및 의류, 체육전문가들에 의해 분류된 것에 의존한다.

(4) 인체의 방향

1) 시상면(Sagittal Plane)

시상면은 직립자세에서 인체를 좌우 대칭으로 나누는 가운데 면인 정중면을 중심으로 인체의 왼쪽과 오른쪽이 구분되는 면을 말한다.

2) 관상면(Coronal)

관상면은 인체를 앞·뒤로 나누는 면이다.

3) 수평면(Horizontal)

수평면은 인체를 위·아래로 구분하는 횡단면이다. 관상면을 중심으로 앞·뒤가 구분된다면, 시상면을 중심으로는 인체의 오른쪽과 왼쪽이 구분되고, 수평면은 인체를 위·아래로 구분한다. 그리고 인체의 가까운 쪽을 안쪽, 먼 쪽을 바깥쪽으로 구분한다.

SECTION 02 | 체형과 인체 부위

해부학에서는 인체를 체간부 또는 구간부(Body)와 체지부 또는 사지부(Limb)로 구분한다. 체간부는 머리, 얼굴, 목, 가슴, 배 등 몸통(Trunk)이며 체지부는 팔(Upper Limb)과 다리(Lower Limb)이다. 사지에서 상지는 팔(Upper Limb)에 해당하며 하지는 다리(Lower Limb)를 말한다. 이러한 구분은 의복제작을 위한 경계와 많이 다르지만 의복을 착용하는 대상과 연관지어 인체의 구조를 분석하면, 의류학에서 몸통은 최소한 의복으로 감싸지는 부분을 의미한다.

인체는 발생학(Embryology)적인 측면에서 그 생김새를 보는 관점이 여러 가지로 분류될 수 있다. 그러므로 체형의 분류는 개인의 주관적인 판단이라기보다 인류학자나 의학자, 생리학자 및 의류체육전문가에 의해 분류된 것에 의존하며, 모양으로 판단하는 방법과 수치에 의해 판단하는 방법이 있다.

체형은 각 사람의 모양을 결정하는 최후로 다듬어진 인체의 형태를 말하며, 가장 관계가 깊은 부위는 피부로서 피하지방이 침착된 부위와 정도에 따라 체형이 달라진다. 체형은 성, 연령, 인종, 지역에 따라 다르며 영양상태 및 인종에 따라 개인차가 많고 사람에 따라 왼쪽과 오른쪽이 비대칭인 경우도 많다. 이에 비해 체격은 근육이나 피하지방에 관계없이 골격의 크기와 굵기에 따라 이루어진 골조의 형태와 크기를 의미하며, 성장이 끝난 성인의 체격은 영양상태나 질병에 별 다른 영향을 받지 않고 일생을 일정한 형상을 유지하게 된다.

(1) 목과 가슴의 구분선

목과 가슴을 구분하는 경계선은 뒤목점, 옆목점, 앞목점을 지나는 목둘레선이다.

(2) 팔과 몸통의 구분선

팔과 몸통을 구분하는 경계선은 어깨끝점, 앞겨드랑점, 겨드랑점, 뒤겨드랑점을 지나는 진동둘레선이다.

(3) 몸통과 다리의 구분선

다리의 구분선은 의복구성에서 체간부는 엉덩이와 같은 위치가 되는 앞 부위를 포함한다.

(4) 앞과 뒤를 구분하는 선

앞과 뒤의 구분은 옆목점에서 어깨끝점을 이은 어깨선으로 체표상 뚜렷한 경계선은 어려우나 의복 구성을 위해서는 반드시 지정해 주어야 하는 선이다.

SECTION 03 | 체형과 체질

(1) 내배엽형(비만형, Endomorphy)

내배엽은 인체 내의 장기를 뜻한다. 소화계통이 발달한 사람으로서 몸이 부드럽고 둥글며 팔, 다리가 짧은 비만한 체형을 말한다.

(2) 중배엽형(근육형, Mesomorphy)

중배엽형은 인체의 중간부위인 근육과 골격이 발달한 체형을 말하며, 어깨가 넓고 군살이 없이 단단한 역삼각형의 형태로서, 남성적인 요소가 매우 강한 체형이다.

(3) 외배엽형(수척형, Ectomorphy)

외배엽형은 인체의 가장 바깥쪽인 피부 및 신경감각계통이 마르고 팔, 다리가 길며 예민한 체질이다. 이러한 체형은 신체의 길이 항목과 둘레 항목에 차이를 보이는 특징이 있으며, 패턴 설계 시 고려해야 할 중요한 요인이 된다.

SECTION 04 | 인체의 측면 관찰

인체는 측면에서 보아 정상 체형, 젖힌 체형, 숙인 체형으로 분류할 수 있다.

(1) 정상 체형(곧은 체형)

정상 체형은 척추의 굴곡이 균형 잡힌 바른 자세의 체형을 의미한다.

(2) 젖힌 체형(반신체형)

젖힌 체형은 척추가 휜 형으로 가슴과 등이 뒤로 젖혀진 체형이며 주로 어린이, 임산부, 비만체형에서 많이 나타난다.

(3) 숙인 체형(굴신체형)

숙인 체형은 등이 굽어 앞으로 숙여진 체형으로 노화현상으로 뼈가 약한 노인에게서 볼 수 있다. 이러한 체형은 여러 가지 자세에 따라 앞길이와 뒤길이의 치수가 다양하게 변화하므로 정확한 체형 파악이 필요하다. 어깨의 경사 역시 개인의 차가 심한 부위로 여자의 평균 어깨 경사 각도는 약 23° 정도이지만 이보다 처진 어깨나 솟은 어깨도 많으므로 관찰해야 할 체형의 요인이 된다. 이는 소매와 목둘레선에도 영향을 주는 요인이므로 정확히 파악하고 분석해 볼 필요가 있다.

(4) 수치에 의한 분류

수치에 의한 분류는 가장 간단한 체형 분류 방법으로 키, 체중 등 신체를 대표하는 치수로서 계산된 값을 통해 비만형, 보통형, 마른형으로 분류한다. 우리가 이용하는 지수들이 해당되는 것으로는 로러지수(Rohrer Index)가 대표적인데, Rohrer Index = (체중/신장^3) × 10^7로 구해진다. 이것은 신장을 한 면으로 정육면체에 비유하여 체중이 차지하는 비율을 계산하여 비만 여부를 판단하는 방법이며, 이외에도 Kaup 지수와 Vervaek 지수 등이 사용되고 있다.

- Rohrer Index = (체중 / 신장^3) × 10^7
- Kaup Index = (체중 / 신장^2) × 100
- Vervaeck Index = (가슴둘레 + 체중) / 신장 × 100

(1) 측정기준점

측정기준점은 제도설계 시 기준이 되는 점이며, 올바른 인체측정을 위해서는 기준점을 정하는 것이 중요하다. 대부분 뼈를 기준으로 측정점을 결정하며, 인체에서 목이나 팔, 어깨 등은 측정점을 찾기가 쉽지 않지만 인체의 외관상 두드러진 최소와 최고점으로 최대, 최소길이나 둘레를 결정하는 점들로 정해져 있다.

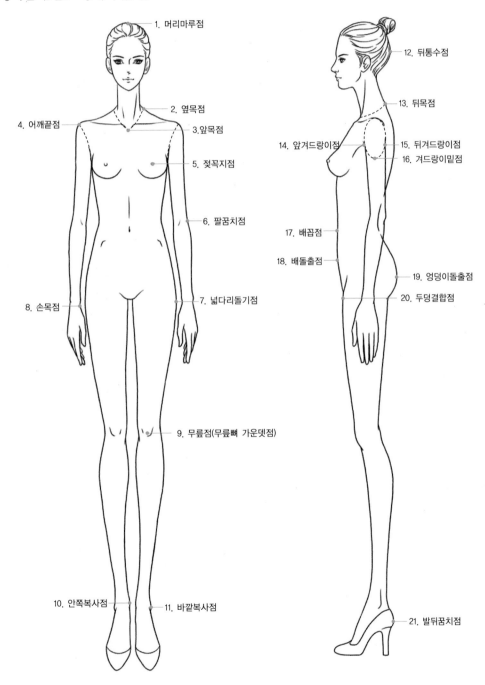

1. 머리마루점
2. 옆목점
4. 어깨끝점
3. 앞목점
5. 젖꼭지점
6. 팔꿈치점
8. 손목점
7. 넓다리돌기점
9. 무릎점(무릎뼈 가운뎃점)
10. 안쪽복사점
11. 바깥복사점

12. 뒤통수점
13. 뒤목점
14. 앞겨드랑이점
15. 뒤겨드랑이점
16. 겨드랑이밑점
17. 배꼽점
18. 배돌출점
19. 엉덩이돌출점
20. 두덩결합점
21. 발뒤꿈치점

---

1) 한국인 인체치수조사 결과 산업자원부 기술표준원에서는 2005년부터 출시제품에 따라 한국인 인체측정에 따른 표준화용어를 설정하였다. 그리고 의복을 제작할 때 필요한 측정항목의 기준점과 기준선을 제시하였다. 상세한 정보는 산업자원부 기술표준원(2004)과 http://sizekorea.kats.go.kr에서 확인이 가능하다.

(2) 측정기준선

올바른 인체측정을 위해서는 기준선을 정하는 것이 중요하다. 인체의 기준선은 인체의 부위를
나누기 위한 선으로 의복구성에 필요한 중요한 선이 된다. 그러므로 적합한 선을 구분 짓는 것
은 최대, 최소의 길이를 표시하기 위해 정해진 선이므로 정확한 선을 설정해야 한다.

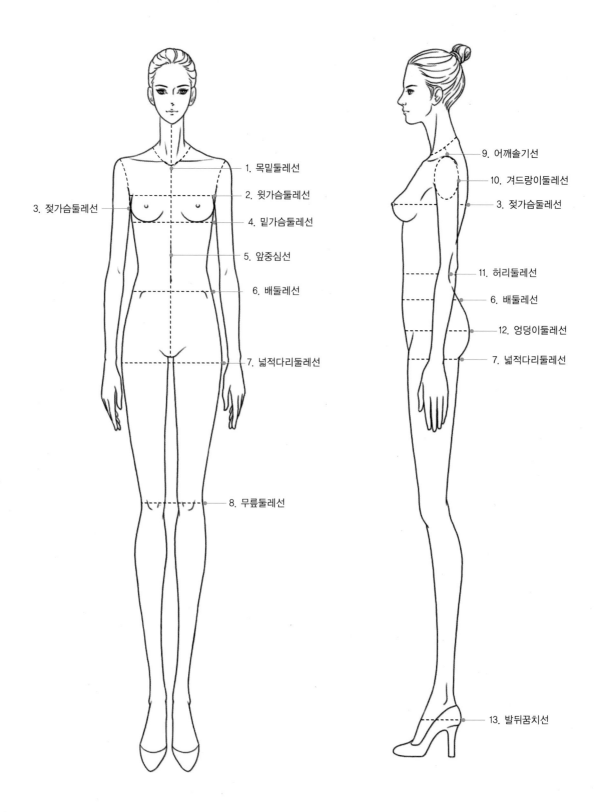

1. 목밑둘레선
2. 윗가슴둘레선
3. 젖가슴둘레선
4. 밑가슴둘레선
5. 앞중심선
6. 배둘레선
7. 넓적다리둘레선
8. 무릎둘레선

9. 어깨솔기선
10. 겨드랑이둘레선
3. 젖가슴둘레선
11. 허리둘레선
6. 배둘레선
12. 엉덩이둘레선
7. 넓적다리둘레선
13. 발뒤꿈치선

인체를 측정할 때는 인체를 정확하게 파악하고 가슴둘레와 허리둘레, 엉덩이 둘레 등 위치에 측정 벨트를 하고 측정용구를 바르게 사용하여 인체를 측정하면 정확하고 쉽게 측정할 수 있다.

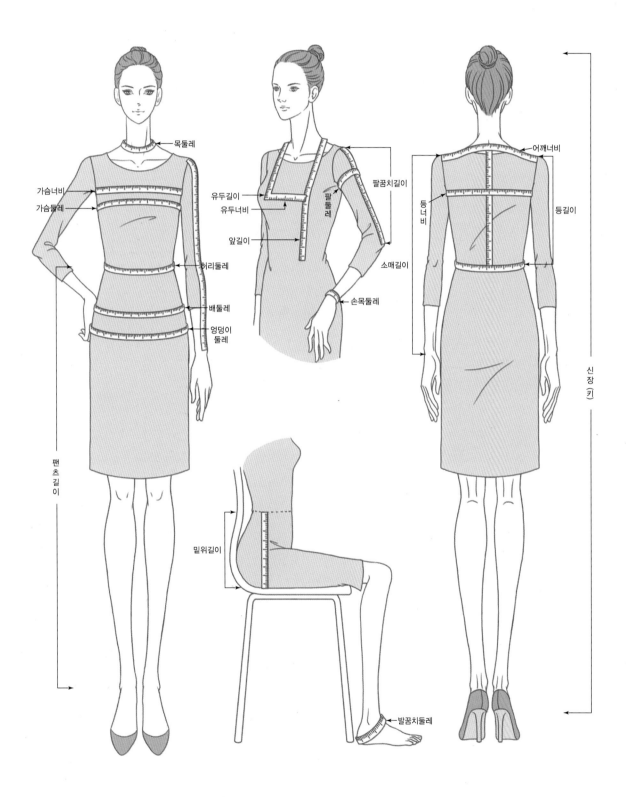

① 가슴둘레   ② 허리둘레   ③ 엉덩이둘레
④ 어깨너비   ⑤ 팔꿈치길이   ⑥ 소매길이
⑦ 팔둘레   ⑧ 손목둘레   ⑨ 등길이
⑩ 옷길이   ⑪ 등너비(등품)   ⑫ 가슴너비(앞품)
⑬ 유두너비(유두폭)   ⑭ 유두길이(유장)   ⑮ 앞길이
⑯ 엉덩이길이   ⑰ 밑위길이   ⑱ 다리둘레
⑲ 무릎둘레   ⑳ 스커트길이   ㉑ 슬랙스길이
㉒ 바지부리(밑단둘레)

(1) 인체 측정 항목

측정항목은 1차적 방법인 마틴식 측정법에 의한 것으로 선 자세에서 측정하는 높이, 너비, 둘레, 두께 항목과 신장(키)을 측정하는 방법으로 의복제작의 주요 항목에 대해서만 정리하였다.

1) 길이와 너비 항목

① 등길이 : 뒤 목점에서 뒤 허리점까지의 길이

② 총길이 : 뒤 목점에서 뒤 허리점을 지나 바닥까지의 길이

③ 바지길이 : 옆 허리점에서 발목점까지의 길이

④ 스커트길이 : 옆 허리점에서 무릎점까지의 길이

⑤ 엉덩이길이 : 오른쪽 옆 허리선에서 엉덩이 둘레선까지의 길이

⑥ 밑위길이 : 의자에 앉아 옆 허리선부터 의자 바닥까지의 길이

⑦ 팔꿈치길이 : 오른쪽 어깨 끝점에서 팔꿈치점까지의 길이

⑧ 소매길이 : 팔을 자연스럽게 내린 후 어깨 끝점부터 팔꿈치점을 지나 손목점까지의 길이

⑨ 어깨너비 : 좌, 우 어깨 끝점 사이의 길이

⑩ 등너비 : 좌, 우 등너비점 사이의 길이

⑪ 가슴너비 : 좌, 우 가슴너비점 사이의 길이

⑫ 유두너비(간격) : 양쪽 젖꼭지점 사이의 수평거리

⑬ 유두길이 : 옆 목점을 지나 유두점까지의 길이

⑭ 앞길이 : 옆 목점에서 유두점을 지나 허리선까지의 길이

2) 둘레 항목

① 목둘레 : 뒤 목점과 방패연골 아래 점을 지나는 둘레

② 가슴둘레 : 가슴의 유두점을 지나는 부위의 수평둘레

③ 허리둘레 : 허리의 가장 가는 부위의 수평둘레

④ 엉덩이둘레 : 엉덩이의 돌출점을 지나는 수평둘레

⑤ 팔꿈치둘레 : 팔을 구부리고 팔꿈치점을 지나는 수평둘레

⑥ 손목둘레 : 손목점을 지나는 수평둘레

⑦ 발목둘레 : 발목점을 지나는 수평둘레

① 높이항목 : 수직자를 사용한다.
② 둘레, 너비항목 : 줄자를 사용한다.
③ 길이항목 : 줄자, 수직자를 사용한다.
④ 너비, 두께항목 : 큰 수평자, 줄자를 사용한다.

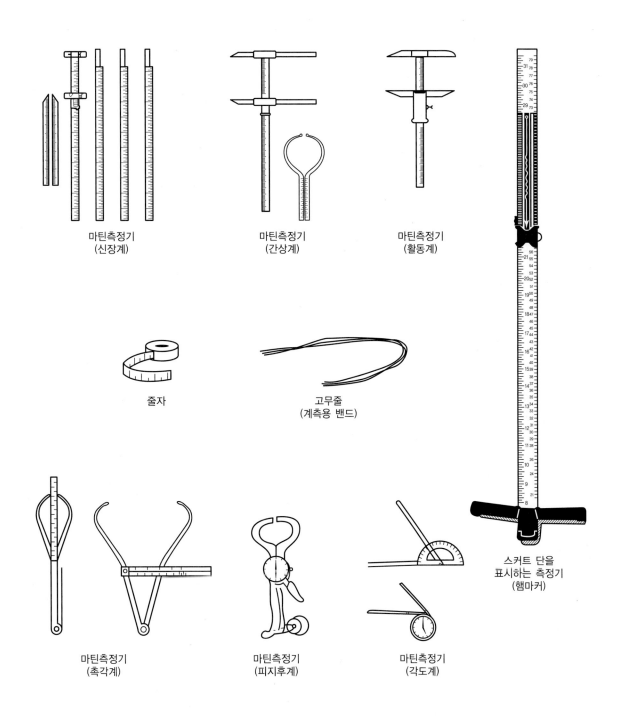

마틴측정기
(신장계)

마틴측정기
(간상계)

마틴측정기
(활동계)

줄자

고무줄
(계측용 밴드)

마틴측정기
(촉각계)

마틴측정기
(피지후계)

마틴측정기
(각도계)

스커트 단을
표시하는 측정기
(햄마커)

(1) 인체측정

인체측정은 크게 정적인 자세에서의 측정과 동적인 자세의 측정으로 나눌 수 있다. 정적인 자세의 측정은 움직이지 않고 곧게 선 자세로 인체를 측정하는 것을 말하고, 동적인 자세에서의 인체측정은 움직임의 범위 즉, 동작범위를 재는 방법으로 주로 의복의 여유량 설정, 기구, 기계 설비 등에 이용되는 방법이다.

의복제작에서는 주로 정적인 인체측정 방법이 사용되고 있으며, 이 중에서도 피측정자 몸에 측정기를 직접 접촉하여 측정하는 직접측정방법과 인체에 측정기를 접촉하지 않고 측정하는 간접측정방법이 사용되고 있다.

(2) 인체치수를 측정하는 방법

① 마틴식(Martin) 측정 : 인체측정기와 줄자를 사용하여 투영거리, 체표길이 및 둘레 각도 등 인체로부터 직접 계측하는 방법으로, 단시간에 다수를 측정할 수 있다.

② 슬라이딩 게이지(Sliding Guage)법 : 슬라이딩 게이지를 수평방향으로 조절하여 체표면에 가볍게 접촉, 고정한 후 게이지 밑에 고정된 기록지에 기록하는 방법이다. 기록된 단편형상에서 체표길이, 투영길이 등을 측정할 수 있다.

③ 실루엣(Silhouette)법 : 인체를 사진으로 찍어 인화지에 직접 인화하여 윤곽선인 실루엣을 얻어 사용하는 방법이다. 이 방법은 인체와 함께 눈금이 촬영되므로 사진으로 실루엣의 전면적인 측정과 투영거리, 각도 등을 측정할 수 있다.

④ 모아레(Moire) 측정법 : 인체의 등고선이 나타나도록 특수 조명을 하면 등고선모양의 음영이 나타나고 이것을 사진촬영으로 기록한다. 컴퓨터시스템에 의한 모아레 무늬의 감추어진 부분까지 입체적인 관찰이 가능하다.

⑤ 석고법 : 체표면에 의료용 석고를 두껍게 발라서 제작하는 방법이다. 석고법은 움직이지 않는 인체로 주경, 체표길이, 투영거리 각도 등을 평면이 되도록 펼치면 체표전개도가 된다.

⑥ 석고붕대법 : 체표상에 기준선을 설정하고 의료용 석고붕대를 인체에 붙여 굳힌 다음, 이를 벗겨내서 인체모형을 만든다. 이것을 평면이 되도록 절개하여 펼치면 체표의 전개도가 된다. 이 방법은 형상과 치수의 변화를 측정함에 유효하다.

⑦ 입체재단법 : 체표에 부직포를 밀착시켜 접착테이프로 고정시킨 후 기준점과 기준선을 그린 뒤 떼어내서 평면으로 전개시킨다. 이 방법은 의복의 원형에 가까운 형태를 얻을 수 있다.

⑧ 착의변형 측정법 : 운동에 따른 착의의 변형량을 측정함으로써 체형의 변화와 피복에서 요구되는 신전성과 여유량 등을 예측하는 방법이다.

INDUSTRIAL ENGINEER FASHION DESIGN

02

의류제품의
호칭 및 치수체계

02 CHAPTER

의류제품의 호칭 및 치수체계

의복의 종류에 따라 치수의 규격을 정하는 것은 인체의 기본이 되는 부위를 정하고 한 치수에서 다음 치수로의 증가적인 변이와 체형을 조합하는 작업이라 할 수 있다.

각 나라마다 인종에 따라 발생하는 다양한 체형을 포괄적으로 수용할 수 있는 의복 치수규격을 가지고 있다. 미국은 CS와 PS, 독일은 DOB, DIN, 영국은 BS, 프랑스는 FNOR, 일본은 JIS L, 한국은 KS K 등의 치수규격과 의복의 국제표준화기구로서 ISO가 있다.

SECTION 01 | 치수규격의 종류와 범위

기성복산업이 발달함에 따라 다품종 소량생산, 전자상거래 및 대형마트의 등장 등 유통구조 변화로 더욱 신뢰할 수 있는 정확한 의류치수규격의 필요성이 대두되고 있다.

한국공업진흥청은 1979년 시행된 1차 국민체위 조사결과를 토대로 1981년 의복, 신발류 등 46개 공산품에 대한 치수규격을 제정하였다. 이어 부분적인 개정이 지속적으로 이루어지면서 1990년 41개의 치수규격 및 호칭에 대한 단순화 방안이 제시되었다.

그 결과 종전의 규격에 아동복, 유아복을 추가함으로써 9개의 규격(남성복, 여성복, 청소년복, 아동복, 유아복, 내의류, 파운데이션, 양말, 모자 등)으로 재분류하였고, 현재 노인여성복, 팬티스타킹 등 점점 다양하고 세분화되고 있다.

1990년 개정 이후 기본신체부위치수(KS K 0050-90)에서 여성복 치수규격(KS K 0051의 44, 55, 66, 77, 88 등)은 호칭별 의류치수규격에 대한 개념이 어렵고 기성복 업체들의 통일되지 않은 치수체계로 인한 혼란과 소비자들의 불만을 해소하기 위하여 ISO와의 규격을 통일하여 기호에 대한 호칭을 배제하고 직접 신체치수로 표시하도록 하였다.

그러나 의류업체는 반품발생과 소비자 불만의 주원인이 치수규격의 문제임을 인식하고 적합한 치수체계 재정립의 필요성을 강조하고 있다.

그러므로 2012년 개정된(KS K0050 성인남성복 치수, KS K0051성인여성복 치수, KS K0052 유아복 치수) 치수규격은 현재의 치수 표시방법인 인체치수의 나열형 대신 문자나 호칭을 도입하여 치수와 문자호칭을 선택하여 표시할 수 있도록 하고 인체치수 표시항목도 간편하게 의복아이템별로 대표호칭 사용이 가능하도록 함으로써 소비자들에게는 편의를 제공하고 생산자에게는 다양성을 제공하여 의류 유통의 효율성을 도모하고자 하였다.

한국산업자원부는 산업체의 여성복치수 KS K0051을 유아복 및 남성복, 파운데이션을 제외한 여성복의 치수규격으로 규정하고 있다.

- 상의 : 상의의 호칭 범위는 '6차 사이즈 코리아'에서 조사된 성별·나이별 인체치수를 반영하여 정한다. 성인남녀의 상의인 경우 가슴둘레, 허리둘레, 키 등 3개의 치수를 나열하여 표시하는 현행 치수체계를 가슴둘레를 기본으로 표기하고, 나머지 2항목은 선택하여 표기할 수 있도록 간편한 호칭체계로 사용하고 있다.
- 하의 : 하의는 허리둘레 중심으로 표기하며, 캐주얼과 레포츠웨어 및 이너웨어의 경우 치수와 문자 호칭을 선택적으로 사용 가능하도록 하고 있으며, 문자호칭에 대한 범위는 명확하게 표시하여 호칭에 대한 치수범위를 설정하고 호칭의 치수간격을 유럽 및 국제표준 수준에 부합하도록 사용하고 있다.
- 드롭(Drop) : 남성의 경우 가슴둘레와 허리둘레의 차이이며, 여성의 경우는 엉덩이둘레와 가슴둘레의 차이이다.
- 피트(Fit)성 : 의류치수 규격의 인체에 대한 적합성과 맞음 정도를 의미한다.
- 신체용어 : 인체측정용어(KS A7003)에 따른다.
- 기본신체 부위 : 신체부위의 치수가 의류치수의 기본이 되며, 기본 의류치수의 항목에 해당하는 치수는 가슴둘레, 허리둘레, 엉덩이둘레, 신장 등을 말한다.
- 신체의 기본치수 : 신체부위치수가 의류치수의 기본이 되는 것을 말하며, 단위는 cm로 나타낸다.
- 의류의 기본치수 : 특정 부위의 치수가 의류치수의 기본이 되는 치수로서 신체치수의 가슴둘레, 허리둘레, 엉덩이둘레 등의 제품치수를 말한다.

(1) 의복 종류에 따른 기본 신체부위

복종별 구분	기본 인체치수 표시항목과 순서	1	2	3
정장	재킷, 오버코트, 블라우스	가슴둘레	엉덩이둘레	신장
	셔츠, 원피스, 팬츠, 스커트	허리둘레	엉덩이둘레	신장
캐주얼	재킷, 오버코트, 블라우스	가슴둘레	엉덩이둘레	신장
	셔츠, 원피스, 팬츠, 스커트	허리둘레	엉덩이둘레	신장
	니트, 티셔츠	가슴둘레	신장	–
스포츠웨어	상의	가슴둘레	신장	–
	하의	허리둘레	엉덩이둘레	신장
	수영복 상·하/상의	가슴둘레	엉덩이둘레	신장
	수영복 하의	허리둘레	신장	–
내의류	내의 상·하/상의, 잠옷(상·하/상의)	가슴둘레	엉덩이둘레	신장
	내의 하의, 잠옷 하의	허리둘레	신장	–

▲ 의복 종류에 따른 의류치수의 기본이 되는 신체부위

(2) 의복 종류에 따른 호칭 및 기본 신체치수

의류제품 종류에 따른 호칭과 의류치수에 필요한 기본신체치수는 신체부위별 치수를 조합하고 의류제품의 치수를 설정하여 소비자의 상품선택이 용이하도록 표기한다.

1) 기본 신체치수의 체계

기본 신체치수는 신체부위에 따른 신체부위별 치수를 조합하여 설정한다.

- 여성복 상의 : 재킷, 원피스드레스, 코트의 경우 기본 신체부위는 가슴둘레, 엉덩이둘레, 신장이다. 신체치수 간격은 100cm를 기준으로 가슴둘레 3cm, 엉덩이둘레 2cm, 신장 5cm 간격의 치수체계로 연속한다.
- 여성복 하의 : 슬랙스, 스커트의 기본 신체부위는 허리둘레, 엉덩이둘레이며, 신체치수 간격 100cm를 기준으로 허리둘레 3cm, 엉덩이둘레 2cm 간격의 치수체계로 연속한다.
- 피트성을 요하지 않는 스포츠웨어나 셔츠, 편성물, 내의류 등은 가슴둘레, 허리둘레, 엉덩이둘레와 신장을 각각 5cm 간격의 치수체계로 연속한다.

2) 성인 여성 체형 구분

우리나라의 성인 여성복 치수규격은 1999년 KS K0051의 제정에 의해 여성체형에 드롭치수를 적용하여 N Type(치수 차이가 보통 체형)과 A Type(큰 체형), H Type(거의 같은 체형)의 3가지 유형으로 구분한다. 신장은 보통 키(165cm 미만), 큰 키(165cm 이상), 작은 키(145~155cm 미만)의 세 그룹 체형으로 구분하고 있다.

신장 / 체형 구분	가슴둘레와 힙둘레 차이가 보통 체형 : N Type(Drop 6cm)	가슴둘레와 힙둘레 차이가 큰 체형 : A Type(Drop 12cm)	가슴둘레와 힙둘레 차이가 거의 없는 체형 : H Type(Drop 0cm)
Petite(145~155cm)	Drop 4~10cm Type	Drop 10~14cm Type	Drop −4~4cm Type
Regular(155~165cm)	Drop 4~12cm Type	Drop 10~16cm Type	Drop −1~6cm Type
Tall(165~175cm)	Drop 6~12cm Type	Drop 12~18cm Type	Drop 0~7cm Type

3) 여성복의 호칭 표시

상품 선택의 중요한 요인이 되는 복종에 따른 호칭 표기는 기본 신체치수를 "cm" 단위로 표기하지 않고 "−"로 연결하여 표기를 하고 있다. 복종의 기본 신체치수는 복종별 기본신체부위의 제시된 신체부위별로 각각의 치수를 조합하여 설정한다.

① 여성복 정장 호칭

ㄱ 정장 상의 치수 호칭(피트성을 요하는 것)

치수 호칭		인체치수	범위
가슴둘레-엉덩이둘레-키	84-92-160	가슴둘레 : 84	가슴둘레 : 82 이상 86 미만
		엉덩이둘레 : 92	엉덩이둘레 : 91 이상 93 미만
		키 : 160	키 : 157.5 이상 162.5 미만
가슴둘레-키	84-160	가슴둘레 : 84	가슴둘레 : 82 이상 86 미만
		키 : 160	키 : 157.5 이상 162.5 미만

ⓒ 정장 하의 치수 호칭(피트성을 요하는 것)

치수 호칭		인체치수	범위
허리둘레-엉덩이둘레-키	69-92-160	허리둘레 : 69	허리둘레 : 66 이상 71 미만
		엉덩이둘레 : 92	엉덩이둘레 : 91 이상 93 미만
		키 : 160	키 : 157.5 이상 162.5 미만
허리둘레-키	69-160	허리둘레 : 69	허리둘레 : 67 이상 71 미만
		키 : 160	키 : 157.5 이상 162.5 미만

② 여성복 캐주얼(스포츠)웨어 및 내의류 호칭

ⓐ 캐주얼(스포츠)웨어 및 내의류 상의 호칭(피트성을 요하지 않는 것)

치수 호칭 및 문자 호칭		인체치수	범위
가슴둘레-엉덩이둘레-키	85-90-160	가슴둘레 : 85	가슴둘레 : 82.5 이상 87.5 미만
		엉덩이둘레 : 90	엉덩이둘레 : 87.5 이상 92.5 미만
		키 : 160	키 : 157.5 이상 162.5 미만
가슴둘레-엉덩이둘레	85-90	가슴둘레 : 85	가슴둘레 : 82.5 이상 87.5 미만
		엉덩이둘레 : 90	엉덩이둘레 : 87.5 이상 92.5 미만
가슴둘레-키	85-160	가슴둘레 : 85	가슴둘레 : 82.5 이상 87.5 미만
		키 : 160	키 : 157.5 이상 162.5 미만
가슴둘레	85	가슴둘레 : 85	가슴둘레 : 82.5 이상 87.5 미만
가슴둘레(문자 호칭)	85(S)	가슴둘레 : 85	가슴둘레 : 82.5 이상 87.5 미만
문자 호칭	S	가슴둘레 : 85	가슴둘레 : 82.5 이상 87.5 미만

Tip 적용 범위 : 이 호칭의 표준은 만 18세 이상 성인 여성의 의류 치수에 대하여 적용하며, 파운데이션 의류에는 사용하지 않는다.

(1) ISO의 사이즈체계

ISO에서는 신장의 성장이 완료된 상태를 성인이라고 정의하면서 체형의 드롭(Drop)양에 따라 체형을 분류하였다. 가슴둘레보다 엉덩이둘레가 큰 체형 (Drop 12)을 A체형이라 하고, 드롭양이 (Drop 6)인 체형을 표준인 M체형, 엉덩이둘레가 작은 (Drop 0)형을 H체형으로 분류하였다. 이를 다시 작은 키(160cm), 보통 키(168cm), 큰 키(176cm) 등 3그룹으로 나누는데, 분류기준은 가슴둘레(Bust Girth), 엉덩이둘레(Hip Girth), 신장(Height)으로 되어 있다.

체형(Body Type) 분류	드롭(Drop)양의 평균치
A체형(Large Hip)	12cm(9cm 이상)
M체형(Medium Hip)	6cm(4~8cm)
H체형(Small Hip)	0cm(3~4cm)

▲ ISO 성인 여성의 체형의 분류   (단위 : cm)

키(Tall)의 분류	드롭(Drop)양의 평균치
작은 키(Short)	160cm(156~163cm)
보통 키(Regular)	168cm(164~163cm)
큰 키(long)	176cm(172~179cm)

▲ ISO 성인 여성의 신장 분류   (단위 : cm)

(2) 독일 성인 여성의 치수체계

독일여성복협회(DOB)에서는 ISO 사이즈체계의 평균 드롭양을 적용하여 표준치수규격을 연구 개발하였다.

엉덩이둘레가 큰 체형(8~14cm), 표준체형(2~8cm), 엉덩이둘레가 작은 체형(2~-4cm)의 3 유형으로 분류하고, 각 체형에 따라 작은 신장(160cm), 보통 신장(168cm), 큰 신장(176cm)을 평균 드롭량과 신장을 조합하여 3그룹으로 나눈다.

기본체형부위는 가슴둘레, 엉덩이둘레, 신장으로 이루어져 있으며, 가슴둘레와 엉덩이둘레의 간격치수는 4cm이고 신장의 간격치수는 8cm이다.

독일 치수체계는 가슴둘레를 기준하였으며, 치수(Size) 코드는 36, 38, 40 등으로 설정 후 체형을 표시하는 5, 0의 기호를 앞에 붙인다. 신장 표시는 작은 키(160cm)의 경우 보통 키 (168cm) 사이즈 코드의 $\frac{1}{2}$, 큰 키(176cm)의 경우는 보통신장의 사이즈 코드 2배를 표시하고 있다.

예를 들어 40사이즈의 경우 가슴둘레는 (40+6)×2=92cm가 됨을 알 수 있다.

아래 표는 20대 전반 여성에게 적용 가능한 독일 사이즈체계이다.

체형분류 및 호칭			A체형(Large Hip)					M체형(Medium Hip)				
			516	517	518	519	520	16	17	18	19	20
신체치수			532	534	536	538	540	32	34	36	38	40
기본부위의 신체치수	신장	가슴둘레	76	80	84	88	92	76	80	84	88	92
	160	엉덩이둘레	90	93	96	100	104	84	87	90	94	98
	168				96	100	104	84	87	90	94	98

▲ 독일 성인 여성의 치수체계   (단위 : cm)

(3) 이탈리아 성인 여성의 치수체계

이탈리아는 표준화된 사이즈체계가 없으므로 일반적으로 쓰이고 있는 사이즈를 제시한다.

측정항목 \ 호칭	40	42	44
신장	158	160	162
위가슴둘레	80	84	88
가슴둘레	84	88	94
엉덩이둘레	88	92	96
허리둘레	64	68	72
등길이	39.6	40.3	41
소매길이	57	58	59

▲ 이탈리아 성인 여성복 치수체계   (단위 : cm)

(4) 일본 성인 여성의 치수체계

의류치수 개정을 위해 일본통산성공업기술원(JIS ; Japanese Industrial Standard)은 1994년 9월 인체측정을 실시하여 체형변화에 맞춘 의류 사이즈를 1997년에 개정하였다. ISO 체형의 드롭치수를 적용하여 A체형을 표준체형으로 하여 A체형보다 엉덩이둘레 치수가 9cm가 큰 B체형을 추가하여 4가지 체형으로 분류하였다. A체형 가슴둘레의 중앙값을 83cm, 엉덩이둘레를 91cm로 하여 신장의 정도에 따라 가슴둘레와 엉덩이둘레를 조합시켰다.

체형 분류	분류의 기본 치수
A체형 : 표준체형 (Medium Hip)	신장을 142cm, 150cm, 158cm 및 166cm로 분류하고, 가슴둘레 74~94cm까지의 간격 치수는 3cm로, 92~104cm까지의 간격 치수는 4cm로 분류하였다. 이와 같이 신장과 가슴둘레를 조합할 때 높은 분포에 해당하는 엉덩이둘레 소유의 체형이다.
Y체형(Small Hip)	A체형보다 4cm 엉덩이둘레가 작은 체형이다.
AB체형(Large Hip)	A체형보다 4cm 엉덩이둘레가 큰 체형이다.
B체형 (Extra Large Hip)	A체형보다 8cm 엉덩이둘레가 큰 체형이다.

▲ 일본 성인 여성의 체형 분류

체형 분류 및 호칭			기본 부위의 신체 치수	신장 가슴둘레	150 엉덩이둘레	158 엉덩이둘레	166 엉덩이둘레
150	158	166					
5AP	5AR	5AT		77	85	87	89
7AP	7AR	7AT		80	87	89	91
9AP	9AR	9AT		83	89	91	93
11AP	11AR	11AT		86	91	93	95
13AP	13AR	13AT		89	93	95	97
15AP	15AR	15AT		92	95	97	99
5ABP	5ABR	5ABT		77	89	91	93
7ABP	7ABR	7ABT		80	91	93	95
9ABP	9ABR	9ABT		83	93	95	97
11ABP	11ABR	11ABT		86	95	97	99
13ABP	13ABR	13ABT		89	97	99	101
15ABP	15ABR	15ABT		92	99	101	103
5YP	5YR	5YT		77	81	83	85
7YP	7YR	7YT		80	83	85	87
9YP	9YR	9YT		83	85	87	89
11YP	11YR	11YT		86	87	89	91
13YP	13YR	13YT		89	89	91	93
15YP	15YR	15YT		90	91	93	95

(A체형 : 표준체형 (Medium Hip) 행: 5AP~15AT / AB체형 (Large Hip) 행: 5ABP~15ABT / Y체형 (Small Hip) 행: 5YP~15YT)

▲ 일본 성인 여성의 치수체계　　　　　　　　(단위 : cm)

(5) 영국 성인 여성의 치수체계

영국의 성인 여성복 사이즈체계는 ISO의 사이즈체계를 반영하여 규격치수 BS 3666과 1982를 제정하였다. BS의 여성복 사이즈는 상의와 하의를 포함하여 상반신용과 하반신용으로 구분되며, 겉옷의 상반신용 기본치수 부위는 가슴둘레, 엉덩이둘레, 신장이고, 하반신용의 기본치수 부위는 허리둘레, 엉덩이둘레, 슬랙스 길이로 규정하고 있다.

영국의 치수호칭은 가슴둘레와 엉덩이둘레의 범위를 표시하는 방법을 기본부위로 규정하고 있으나 대부분의 의류업체에서는 ISO 사이즈체계를 적용하여 신장을 3그룹으로 나누어 사용하고 있다. 간격치수로는 가슴둘레, 허리둘레, 엉덩이둘레를 각각 5cm로 적용하고 있으며, 평균 드롭값은 5인 것으로 조사되었다. 신장은 작은 신장(160cm 이하)의 사이즈코드 뒷면에 S자와 큰 신장 (170cm 이상)의 사이즈 뒷면에 T를 표기하고 있다.

영국의 성인 여성복 치수규격 BS 3666에서는 그에 따른 가슴둘레와 엉덩이둘레의 범위 및 호칭을 규정하고 있다.

호칭 치수 범위	8	10	12	14
가슴둘레의 치수범위	78~82cm	82~86cm	86~90cm	90~94cm
엉덩이둘레의 치수범위	83~87cm	87~91cm	91~95cm	95~99cm

▲ 영국의 성인 여성복 치수체계   (단위 : cm)

(6) 프랑스 성인 여성의 치수체계

(NFG 03-002, 1979)의 프랑스 성인 여성복의 사이즈체계는 엉덩이둘레를 기준하여 드롭값에 따라 큰 F체형(드롭평균치 10cm)과 표준 N체형(드롭평균치 4cm), 작은 M체형(드롭평균치 2cm)의 3가지 체형으로 구분하며, 신장을 작은 키(152cm), 보통키(160cm), 큰 키(168cm)로 분류하고 있다. 프랑스 여성의 표준체형 N형은 드롭값이 4cm로 ISO와 독일, 일본의 성인여성의 엉덩이둘레보다 크기가 작게 나타나고 있다.

신체치수	체형분류 및 호칭		F체형				N체형			
							34N	36N	38N	40N
기본부위의 신체치수	신장	가슴둘레	80	84	88	92	80	84	88	92
	160	엉덩이둘레	90	94	98	102	84	88	92	96
	160		90	94	98	102	84	88	92	96
	168		90	94	98	102	84	88	92	96

▲ 프랑스 성인 여성의 치수체계   (단위 : cm)

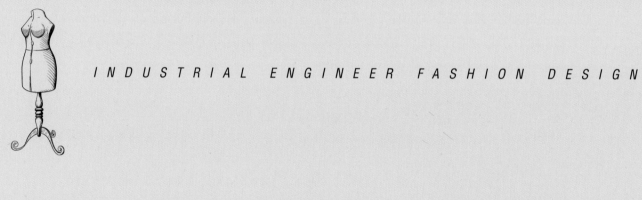

INDUSTRIAL ENGINEER FASHION DESIGN

패턴제작 & 재단용구
Drafting Pattern & Cutting Tools

03 CHAPTER

패턴제작 & 재단용구
(Drafting Pattern & Cutting Tools)

용구의 형태	용구의 명칭	용구의 용도
	줄자 (Measuring Tape)	길이는 150cm로, 비닐이나 쇠로 만들어져 있으며, 인체측정 및 곡선이나 직선의 길이를 측정할 때 사용한다.
	직선자 (Straight Measure)	길이는 50~100cm 정도로, 직선을 그리거나, 직선길이를 측정할 때 사용한다.
	각자 (Tailor's Square Measure)	90°의 각을 이룬 직각자로서 직선을 그리거나 직각선을 그릴 때 사용한다.
	곡선자 (Curved Measure)	제도설계 시 옆 솔기선 및 허리선 등 완만한 곡선을 그리거나 측정할 때 사용하며 다양한 곡선을 변형하면서 사용할 수 있다.

용구의 형태	용구의 명칭	용구의 용도
	방안자 (Grading Measure)	길이 50~60cm의 투명한 직선자로, 0.5cm 간격의 방안 눈금으로 제작되어 있다. 그레이딩이나 일정한 시접선을 그릴 때 사용한다.
	축도자 (Scale)	$\frac{1}{4}$ 또는 $\frac{1}{5}$로 축소제도에 사용되며, 각자, 곡자, 커브자 등을 축소하여 제작된 축도자이다.
	프렌치 커브자 (French Curve Measure)	목둘레선이나 진동둘레선을 그리거나 측정할 때 사용한다.
	펀치(Punch)	단추 위치나 다트끝점 주머니 위치 등을 표시하거나 패턴행거용 고리를 끼울 때 사용한다.
	너처(Notcher)	패턴제작 시 마스터패턴에 봉제할 경우 봉합할 위치 점을 표시할 때 사용한다. 단추 위치나 다트끝점 주머니 위치 등을 표시하거나 패턴행거용 고리를 끼울 때 사용한다.

용구의 형태	용구의 명칭	용구의 용도
	머슬린(Muslin)	면직물(광목)로 제직된 직물로 드레이핑이나 특수직물 대신 조형물을 확인하고자 할 때 사용한다.(면직물(광목)로 면수에 따라 다양한 두께로 구성)
	제도용지 (Patternmaking Paper)	기초패턴을 설계할 때 사용하는 용지이므로 너무 두껍거나 찢어지는 것은 적합하지 않다.(전지사용)
	패턴용지(Hard Paper,Tag Paper)	마스패턴으로 보관하거나 그레이딩 패턴 공업용 패턴으로 다양한 두께의 용지를 사용한다. 170~300g까지 다양한 두께가 있다.
	연필(Pencil)	패턴제도설계 시 사용되는 필수 용품이며, 2B, 4B 등이 있다. 기준선은 연하게 표시하고, 완성선은 진하게 표시한다.
	햄마커 (Hem Marker)	의복의 밑단 폭이 넓어서 단이 늘어질 경우 밑단을 일정하게 수평으로 표시할 때 사용한다.(스커트 단을 표시하는 측정기)

용구의 형태	용구의 명칭	용구의 용도
	가위 (Dressmaker's Shears)	제도용지를 자르는 가위와 원단을 자르는 전용가위로, 22~30cm까지 다양하게 사용된다.
	핑킹가위 (Pinking Shears)	올이 잘 풀리지 않는 직물의 시접처리나 디테일한 선을 나타낼 때 사용된다.
	트레이싱페이퍼 (Tracing Paper)	초크 분말을 사용하여 제작된 카본페이퍼로 다양한 색상이 있으며, 패턴을 머슬린에 옮겨 그릴 때 주로 사용된다.
	룰렛 (Roulette, Tracing Wheel)	모형대로 만들어진 패턴을 다른 종이나 직물에 옮길 때 사용되나 룰렛의 날카로운 톱니 사용에 주의를 요한다.
	송곳(Awl)	겉감의 제도선을 안감에 옮기거나 다트끝점과 포켓 위치 표시 등에 사용된다.

용구의 형태	용구의 명칭	용구의 용도
	롤러 커터 (Roller Cutter)	얇은 직물의 움직임이 심해 가위로 커팅이 용이하지 않을 때 주로 사용한다.
	문진(누름쇠, Paper Weight)	재단 시 패턴지나 옷감이 움직이지 않도록 위에서 눌러줄 때 사용한다.
	핀 (Dressmaker's Pin)	옷감이나 종이 등을 움직이지 않도록 고정시킬 때 주로 사용된다.
	압정 (Push Pin)	얇거나 흔들림이 심한 옷감을 재단할 때 재단대 위에서 고정시키거나 패턴을 회전시킬 때 사용된다.
	초크 (Tailor's Chalk)	직물에 패턴을 옮겨 그릴 때 사용 되며, 정확한 치수 유지를 위해 주의를 요한다. 다양한 종류가 있으며 분필 성분과 왁스 성분으로 이루어져 열이나 세탁에 의해 제거된다.

용구의 형태	용구의 명칭	용구의 용도
	연필 초크	분말 초크 대용으로 사용할 수 있는 초크로서 지울수 있는 브러시가 부착되어 사용하기가 간편하게 제작되어있다.
	롤러 계측자	제도설계 후 곡선과 나선 등 굴곡이 심한 선의 실제치수를 정확하고 신속하게 측정하고자 할 때 사용하는 계측자이다.
	마크펜	직물에 패턴을 옮겨 그리거나 세부 사항을 표기하고자 할 때, 주로 사용되며 수성펜으로서 물과 공기에 의해 제거된다.

INDUSTRIAL ENGINEER FASHION DESIGN

04

의복생산과 패턴

Clothes Production & Pattern

04 CHAPTER

의복생산과 패턴
(Clothes Production & Pattern)

소량생산(주문복)에서 개별 제작은 착용자(개인)의 착용목적에 부합하는 디자인, 소재, 착용자의 개성과 가치관에 따른 욕구를 충분히 충족시키는 것을 목표로 한다.

개발과정	설명
디자인 · 소재 결정	착용자의 착용목적에 따라 아이템을 설정. 아이템에 적합한 디자인 소재를 선택하여 착용자의 요구사항을 충분히 고려한 후 의복을 설계한다.
인체측정 · 제도설계	착용자 체형의 특성을 고려하여 인체를 측정한 후 패턴 설계 시 이를 참고, 적용하여 체형에 적합한 설계가 되도록 제작한다.
패턴제작(평면 · 입체)	디자인을 근거하여 평면설계 또는 입체설계 또는 평면과 입체설계를 병용하여 패턴을 제작한다.
옷감(원단검단 · 재단)	옷감을 재단할 때는 옷감을 충분히 점검한 후에 재단하여 옷의 변형이나 오작이 되지 않도록 주의한다.
시착 · 가봉	시착과 가봉은 의복이 체형과 디자인에 적합하도록 실루엣이 정돈되어 있는지 실험 제작하여 피팅 후 치수와 다자인을 확인하여 적합하도록 보정하기 위한 작업이다.
가봉 · 보정	가봉은 의복이 체형과 디자인에 적합하도록 실루엣이 정돈되어 있는지 피팅 후 치수와 다자인을 확인하여 최초의 디자인과 치수의 적합성에 맞추어 보정하기 위한 작업이다.
보정 · 부자재 준비	가봉과 보정을 마무리하고 해당 제품의 안감과 심지 및 필요한 부속품을 준비한다.
본 봉제	본 봉제는 소재와 디자인에 따라 각각의 특징을 잘 이해하여 제작하도록 한다.
중간가봉	본 봉제 과정 중에 소재의 특성에 의해 디자인의 상이 치수의 정확도를 재점검하는 과정이므로 반드시 거쳐야 하는 과정은 아니다.
완성 · 착장 점검	마무리 작업이 다 끝난 후에 착용자에게 완성된 의복을 착장시킨 후 디자인과 치수가 올바르게 완성되었는지를 확인한다.

▲ 상품개발의 프로세스(Process) : 소량생산

대량생산되는 기성복은 많은 사람들의 공감을 얻을 수 있는 패션성과 적합성이 요구되며 불특정 다수의 사람을 대상으로 하므로 같은 사이즈의 사람이면 누구나 착용이 가능하다. 대량생산(기성복)은 개인의 체형의 특성을 고려하지 않고 체형 중에서 표준이 되는 치수를 근거하여 기본패턴을 제작하여 대량으로 생산제작을 한다.

	개발과정	설명
상품기획	정보수집 및 정보 분석	마케팅 환경과 시장 정보, 소비자 정보, 패션 정보, 지난 시즌 판매실적 정보 분석
	표적(Target) 시장 정보	시장세분화, 시장표적(Target)화, 시장 포지셔닝
	디자인(Design) 개발	디자인 콘셉트 설정, 코디네이트 기획
	소재기획	소재 및 색채기획
	샘플(Sample) 제작	원(부자재)자재 선택, 샘플사양서 작성
	상품구성기획	상품구성기획, 생산예산기획, 타임스케줄 설정
	브랜드(Brand) 설정	브랜드(Brand) 설정 방향 설정
	마케팅기획 설정	브랜드 이미지 설정, 브랜드 시즌과 콘셉트 설정, 4P's 전략
제품생산기획	예산계획	판매예산, 생산예산, 비용예산, 수익예산 계획
	품평 및 수주	디자인, 사이즈, 수량, 납기일정 결정, 샘플패턴 수정
	생산의뢰계획	공장운영계획(생산수량계획), 작업지시서(재단, 심지부착, 봉제수량계획, 검품계획)
	원부자재 발주 · 입고	원(부)자재 입고, 검품, 수량 확인
	양산용 샘플제작 확인	디자인 확인, 소재(컬러) 확인, 사이즈 확인
제품제조기획	생산의뢰서 접수	디자인 확인, 패턴 확인, 그레이딩 확인, 봉제 확인, 출고시기 확인
	대량생산용 샘플 제작	디자인 확인, 소재의 물성 확인, 소요량 확인, 작업공정과 방법 제시
	생산용 패턴 제작	패턴 수정 및 보완, 그레이딩, 패턴(마스터) 제작
	그레이딩, 마킹	사이즈와 수량을 확인한 후 디자인의 실루엣을 유지하면서 마스터패턴을 기준으로 편차에 따라 확대, 축소하여 다양한 사이즈의 패턴을 제작
	재단	원(부자재)검사, 연단, 마킹, 재단, 작업순서 번호작업, 심지작업, 정밀재단
	봉제	공정분석, 공정편성, 레이아웃, 부품제작, 몸판 조립
	중간검사	디자인적합도, 소재의 적합성, 봉제완성도, 제품의 완성도
	완성	제사처리, 단춧구멍 제작, 아이론 프레스작업, 단추 달기
	최종검사	디자인, 소재, 봉제완성도, 제품의 완성도 확인
	포장	제품의 오염 방지와 상품가치를 위해 포장
	출하	출하 및 제품의 잔량 확인

▲ 상품개발의 프로세스(Process) : 대량생산

(1) 상품기획(Merchandising)

생산을 위한 상품기획은 소비자가 필요로 하는 제품을 예측하여 상품으로 구현하는 활동이며, 구현된 제품을 합리적인 가격으로 적절한 시기와 장소에 적합한 물량으로 공급함으로써 소비자의 욕구를 충족하고 구매동기를 유발할 수 있도록 계획하고 실행하는 것을 상품기획 또는 머천다이징(Merchandising) 활동이라 한다.

(2) 샘플(Sample) 제작

샘플 제작은 디자인을 스케치한 계획서를 샘플로 완성되기까지의 과정을 의미하며, 디자이너는 샘플 제작 전 과정에 대하여 책임을 지고 참여하게 되므로 패턴 제작과 봉제 등 제조에 관한 전 과정을 이해하고 기술을 습득해야 한다.

그리고 디자이너는 각 제작자들이 제작의뢰서를 보고 원활하게 제작할 수 있도록 제조의 전과정(재단과 봉제, 부자재목록 등)의 전달사항을 상세하고 정확하게 기록해야 한다.

작 업 의 뢰 서			디자인실	담당	실장	개발실	담당	실장

Item		자체출고일		발행일	
Style No.		재단완료일		작업기간	
소재명		봉제완료일		관련 Style No.	

소요원부자재(P/C당) 소요내역					DESIGN〈상세도해〉		
소재명	규격	소요량	단가	금액			
원단(A)	″	y					완성치수(상의)
″ (B)	″	y					총기장
안감	″	y					가슴둘레
주머니감	″	y					밑단둘레
심지	″	y					어깨넓이
″	″	y					소매길이
실	d	c					화장
실	d	c					소매통
벨트심지		y					A.H.
Pad							손목둘레
단추	mm						목둘레
″	mm						밴드 높이
″	mm						칼라 길이
버클	″						후드 넓이
테이프							후드 높이
겉고리							
고무줄							
스냅							완성치수(하의)
장식							허리둘레
비즈							엉덩이둘레
밸크로							하의길이
아일렛							앞밑위
마이깡							뒷밑위
지퍼							허벅지
돗트							무릎
스티치사							바지부리

※ 의복제작 시 주의사항 상세 기입

슬런트 포켓 (Slant Pocket)

단추위치에 단추를 꿰맬때 옷 두께만큼 실 기둥

겹쳐트임(Slit)

스티치		SWATCH	봉제 시 유의사항	수정사항
땀수				
안감				
Main Label				
호칭 Label				
Care Label				
취급주의 Label				
가격 Tag				

세탁표시	혼용률 표시	원자재	폭	요척	배색감	폭	요척
	겉감 Wool(모) 100% 안감 Polyester 100%	60inch 2.77%			44inch 0.7%		

(3) 샘플 제작의 프로세스(Process) 및 품평회

① 디자이너는 디자인 스케치와 샘플제작을 위한 내용이 기록된 생산의뢰서를 작성하여 생산 파트로 넘긴다.

② 샘플 제작 의뢰서에 적합한 샘플 패턴(Sample Pattern)을 제작한다.

> • 패턴 제작방법 : Flat Pattern(평면), Draping(입체재단), Rob Off(판매상품에서 패턴 산출), Measurment(주문 판매를 위해 인체의 세부사항을 반영한 패턴 제작)

③ 기준사이즈 인대(Body)와 피팅 모델에게 제작된 샘플의류를 착용·가봉하며 보정한다.

④ 샘플제작실에서 완성된 제품의 완성도를 확인한다.

⑤ 기획, 생산, 영업, 판매의 관련자들과 품평회를 통해 상품성이 있는 샘플을 선정한다.

⑥ 선정된 샘플이 대량생산으로 결정되면 양산을 위한 생산에 투입된다.

(4) 제품생산과정 : 대량생산

상품기획안에 의한 제품(Sample)이 생산되고 품평회에서 스타일(제품)이 결정되면 다음과 같은 과정을 거쳐서 대량생산이 이루어진다.

① 대량생산 결정

상품기획안에 의해 제품(Sample)들이 생산되면 품평회에서 적합한 스타일(제품)을 결정하여 대량생산을 결정한다.

② 산업용(Industrial Production Pattern) 패턴 제작

생산이 결정되면 패터너(Production Pattern Maker)는 봉제방법을 분석하고 산업용 패턴으로 제작한다. 소재 이용을 최적화하여 소재에 의해 봉제공정 중에 발생될 문제점을 보완하고 의복의 디자인과 형태를 유지하면서 최소의 소요량으로 경제적인 대량생산이 될 수 있는 방법을 선택한다. 불필요한 디테일은 제거하고 원·부자재의 낭비를 줄이면서 최적의 패턴으로 합리적인 디자인이 되도록 컴퓨터를 활용하여 신속성과 정확성을 향상시킨다.(패턴에는 스타일넘버, 제작년도, 사이즈와 수량, 식서방향 등을 표기해야 하며, 겉감패턴, 안감패턴, 심지패턴을 각각 표기해야 한다.)

③ 그레이딩(Grading)

대량생산의 경우 불특정다수의 착용자를 위해서 타깃(Target)으로 하는 소비자의 신체특성을 고려하여 적합한 상품이 공급되도록 동일한 디자인으로 여러 사이즈를 생산하게 된다. 최초의 디자인과 실루엣을 유지하면서 마스터패턴(Master Pattern)을 기준으로 치수의 편차에 의해 확대·축소하여 다양한 사이즈의 패턴을 제작하는 과정을 그레이딩이라 한다. 마스터패턴의 정확성은 그레이딩된 모든 패턴에 영향을 미치게 되므로 정밀하고 오차가 없는 정확성으로 제작되어야 한다. 일반적으로 그레이딩은 신체 기본치수를 상의는 가슴둘레, 하의는 허리둘레와 엉덩이둘레를 기준으로 한다. 그러나 인체는 가슴둘레 또는 허리둘레나 엉덩이둘레에 의해 일률적인 비례로 변화하지 않으므로 부적합한 부위가 발생하게 된다. 그러므로 체형별 사이즈를 고려하여 체형에 적합한 그레이딩 편차가 설정되도록 해야 한다.

④ 마킹(Marking)

마킹은 원자재 사용비율에 따라 원가절감에 미치는 영향이 매우 크므로 효율적인 마킹작업은 가장 효과적인 원가절감 방법이 되므로 패턴들을 원단 위에 적절히 배치해야 한다. 일반적으로 원단로스를 최소화하도록 큰 패턴을 먼저 배열하고 작은 패턴들을 끼워 넣는 방법으로 하면서 원단의 올 방향을 맞추는 주의를 요한다. 때로는 원단효율을 높이거나 디자인에 따라 변형 배치를 하기는 하나 자칫 제품의 완성치수나 솔기에 영향을 미쳐 옷이 틀어지거나 품질을 떨어뜨리는 요인으로 작용하게 된다.

특히 결이 있는 원단이나 방향성이 있는 체크무늬, 꽃무늬, 기모직물, 광택이 있는 직물 등의 패턴마킹에는 신중하게, 한쪽 방향의 배열로 각별한 주의를 요하게 된다. 또한 패턴물인 원단들은 무늬를 좌우대칭의 균형이 이루도록 하는 주의와 안목이 필요하다.

⑤ 원 · 부자재 입고

원자재(원단)과 부자재(안감, 심지, 테이프, 지퍼, 단추 등) 머천다이저(상품기획 담당자)가 원단을 발주하고 부자재 관계는 패턴 메이커에 의해 봉제작업지시서에 기재된 것을 생산담당자(임가공비 견적 및 결정자, 납기 관리자)가 부자재업체에 발주한다.

- 소재(원단) 선정의 조건 : 치수 안전성, 연단성, 재단성, 봉제성, 다림질성
- 부자재(안감, 심지) 선정의 조건 : 겉감과의 조화, 실루엣의 손상 여부, 원자재(겉감)의 결점 보완 여부, 심지는 겉감에의 접착력, 겉감에 접착수지의 노출 등

⑥ 검단(원단) 및 방축

- 원사검사 : 적합한 원 · 부자재를 선택하는 것은 품질 좋은 제품의 합리적이고 능률적인 생산을 위한 필수요건이며, 원자재의 품질검사는 제품 불량을 사전에 방지하고 좋은 제품 생산을 위한 중요한 요소 중의 하나이다. 원단은 짜임새, 뒤틀림, 길이, 너비, 색, 무늬, 질감, 염색 상태 등 원단제작 시 생긴 흠결, 오염 등 검단기를 거치면서 확인하는 작업이 필요하다. 또한 간과하기 쉬운 소재(원 · 부자재)의 수축률은 중요한 검사항목으로 인식되고 있다.
- 방축 : 원단은 제직할 때 장력을 받게 되므로 원단을 풀어서 원단에 가해진 불필요한 장력을 제거하고 자연스런 상태로 만든다. 특히 모 섬유는 습도와 흡수성이 높아 치수안전성에 노출되어 있으므로 수축되거나 늘어나 있는 섬유에 치수안전성을 부여하기 위해 이러한 축융처리가 이루어지고 있다. 이를 스펀징(Sponging)가공이라 하며, 때로는 합성섬유의 경우에도 이 공정을 거친 후에 봉제성을 높이기도 한다.

참 · 고

스펀징(Sponging) 머신 고온의 증기를 이용하거나 액체질소로 급냉각하여 고온 속을 통과시키는 방법으로 수축시키는 가공방법

⑦ 연단(Spreading)

연단은 동시에 많은 양의 제품을 재단하기 위해 원단을 적당하고 일정한 길이로 끊어서 직물을 여러 겹으로 겹치는 작업을 말한다.

연단의 길이는 일반적으로 마킹에 의한 요척 길이보다 약 2~4cm 길이를 더하여 설정하며, 직물의 연단방법에는 한 방향(일방향) 연단, 왕복(양방향) 연단, 표면대향(맞보기) 연단 등이 있다. 편성물 연단은 환편기 연단(원형), 횡편기 연단(횡편기)으로 나눌 수 있고, 원단의 특성에 따라 연단방향을 선택한다.

- 한 방향 연단 : 직물의 짜임이 뚜렷하게 나타나는 직물로서 능직이나, 수자직, 코르덴, 벨벳과 파일 옷감으로 비교적 고품질인 경우는 대부분 일방향(한 방향)의 배치 방법이 적용되고 있다. 한 방향의 연단은 마커의 효율성이 적으며 옷감을 쌓는 과정이 한 방향으로 작업시간이 많이 소모되는 단점이 있다.
- 양방향 연단 : 고품질이 아닌 옷감으로 옷감이 단색이거나 결이 잘 나타나지 않는 옷감에 가장 많이 사용되고 있다. 한 방향의 연단방법보다 효율성이 크고 생산성이 높아 생산비를 절감할 수 있는 장점이 있다.
- 표면대향(맞보기) 연단 : 옷감에 문양이나 결이 있어 같은 방향으로 재단하는 경우에 적용되며 효율성은 한방향연단보다는 크고 양방향연단보다는 작다. 옷감방향을 돌려가며 연단하기 때문에 인력소모가 가장 높은 연단방법이다.

예를 들면 광택이 있는 직물, 상하 구별이 되는 패턴직물 또는 빛의 방향에 따라 색상이 달라 보이는 기모직물 등은 한쪽 방향으로 연단해야 한다. 무늬가 없는 평직물의 원단은 연단효율성이 높고 경제성이 높은 왕복연단방법이 적합하다.

맞대응연단은 시간적인 효율이 가장 낮고 난이도가 높은 연단방법으로 특수한 문양이나 기모가 긴 직물에 적합하다. 직물을 연단할 때 무리한 장력을 주지 않아야 하며, 신축성이 있는 직물은 연단 후 일정시간 동안 방축하는 것이 바람직하다. 직물의 올 방향이 고르고 주름이 가지 않게 배열해야 한다.

직물의 폭이 다른 연단에서는 좁은 폭을 위에 놓이게 연단하며, 연단 도중 원단을 이어야 할 경우 패턴이 충분히 놓일 수 있도록 원단을 겹쳐 연단한다.

⑧ 재단(Cutting)

재단작업대 위에 적당량의 연단된 원단 맨 위에 마커지를 고정시킨 후에 재단기를 사용하여 정확하게 재단작업을 한다. 각종 전동재단기(Straight Knife, Band Knife, Round Knife, Hot Notcher, Hot Drill 등)가 Water Jet, Laser 등과 컴퓨터를 연결시켜 자동기기로 패턴 제작 및 재단이 이루어지기도 한다.

재단에서 연단의 두께로 인하여 불량이 발생하기 쉬운 상층부와 하층부의 Cutting, 너치, 드릴, 구멍뚫기 등의 작업에서 치수 차이가 발생할 수 있으므로 주의 깊은 정밀도가 요구된다.

- 번들작업 : 재단된 각 피스에 패턴과 비교, 확인하여 번호를 달아놓는다. 번들작업은 생산일정에 맞추어 로트별, 사이즈별, 색상별 등이 재단된 각 피스별 차례로 번호를 달고 봉제공정에 따라 묶거나 상자에 담아 조합작업이 정체되지 않도록 준비해두는 작업을 말한다.

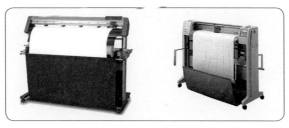

커팅플로터

실사출력용

마커플로터

전동재단대

SECTION 03 | 패턴(Pattern)

의복의 패턴은 건물의 설계도면과 비교할 수 있고, 의복의 구성은 건축물의 건설공사와 같다고 할 수 있다.

설계 자체가 잘못된 건물은 온전한 형태를 가질 수 없으며, 겉모양이 좋다 할지라도 편리한 공간이 될 수 없다. 그러므로 좋은 패턴을 제작하기 위해서는 인체의 구조 및 활동에 따른 변화를 이해하며 소재 및 재단, 봉제방법 등에 따른 상호관계를 이해하고 경제성과 인체의 특성을 고려한 종합적인 분석이 요구된다. 본서는 효율적인 제작방법의 평면패턴 설계로 인체의 구조와 활동에 따른 변화를 패턴 제작에 적용하는 방법을 익히도록 구성되었다.

(1) 패턴의 종류

의복이 어떤 모양으로 제작되었는가에 따라 평면구성형 의복과 입체구성형 의복으로 분류된다. 평면구성형 의복은 한복, 기모노, 판초, 인도의 사리 등이 있으며 대부분의 서양복은 입체구성형 의복에 속한다. 평면구성형 의복은 대부분 제작방법이 쉽고 간단하지만 입체구성형 의복인 서양복은 제작방법이나 과정, 대상 부위에 따라 매우 다양한 명칭으로 구분된다.

1) 패턴 제작방법에 따른 분류

① 입체재단(Draping)

인체 또는 인체모양의 드레스폼(인대)에 직접 옷감을 걸쳐가며 핀으로 고정한 다음 완성선대로 표시한 후 인대(보디)에서 떼어 완성선대로 재단한다. 이때 재단된 옷감이 패턴(Draping Pattern)이 된다.

② 평면재단(Drafting)

기본원형을 제도한 후 이를 활용하는 것이며 원하는 디자인을 제도설계하여 평면패턴(Flat Pattern)을 만들고 이 패턴을 옷감 위에 배치한 후 재단한 것을 봉제하여 입체화시키는 방법이다.

2) 측정항목 수에 따른 분류

평면패턴은 인체로부터 측정한 치수를 어느 만큼 사용하는가에 따라 단촌식 패턴과 장촌식 패턴으로 구분된다.

① 단촌식 패턴

인체의 여러 부위를 세밀하게 측정하여 제도하는 방법으로 각자의 체형 특징에 맞는 원형을 얻을 수 있으나 제도의 방법이 복잡하다. 측정오차로 인해 정확하지 못한 패턴을 설계할 가능성이 있으므로 인체 측정 기술의 숙련이 요구되며 초보자가 사용하기에는 부적합한 제도 설계방법이다.

② 장촌식 패턴

인체부위의 기준이 되는 주요 부위만을 측정하고 제도설계에 필요한 다른 부위는 기준치수로부터 산출해내는 방법으로 가장 대표가 되는 부위만 측정하므로 측정의 오차가 적어 비교적 쉽고 정확하여 균형 있는 원형을 초보자도 쉽게 제도설계할 수 있다. 그러나 이 패턴 제작은 통계분석을 통해 타 부위를 추정하는 방식이므로 개개인의 체형 특징에 맞추기 위한 보정과정을 반드시 거쳐야 체형에 잘 맞는 원형을 설계할 수 있다.

③ 병용식 패턴

위의 두 패턴 제작방법의 문제점을 보완한 패턴으로 장촌식 패턴에 개인의 차가 많은 부위(어깨너비, 유두길이, 유두간격, 앞품, 뒤품 등) 몇 개의 측정 치수를 더하여 제도를 설계하는 패턴이다. 제도방법이 쉬우면서도 개인의 특징을 반영한 제도설계의 패턴제작방법이므로 체형에 적합한 패턴을 설계할 수 있다.

3) 패턴의 용도에 따른 분류

패턴은 용도에 따라 제작되며 용도에 적합한 명칭을 사용한다.

① 패턴의 원형(Basic Pattern, Basic Sloper)

원형은 의복의 다양한 디자인에 적용하기 쉽고 응용할 수 있도록 가장 기본적이고 단순하게 제작된 패턴(Pattern)이다. 원형은 인체치수에 최소한의 여유량으로 생리현상과 기본적인 동작에 의해 필요한 여유분만을 포함하여 제작된다.

② 여성복(의복)의 기본 원형

길(Bodice)원형, 소매(Sleeve)원형, 스커트(Skirt)의 원형(앞, 뒤), 슬랙스(Slacks)의 원형(앞, 뒤)으로 구성되어 있다.

③ 기초패턴(Basic Pattern)

디자인(Design)에 적합한 응용과 전개를 할 수 있도록 제작된 패턴으로 주로 원형을 사용하며 디자인에 따라 응용, 전개할 수 있는 패턴이다.

④ 산업(공업)용 패턴(Industrial Pattern)

물량(제품)을 대량으로 생산하기 위해 제작된 패턴이며, 일반적인 패턴은 왼쪽 또는 오른쪽 한쪽만 제도설계를 하지만 산업(공업)용 패턴은 양측 모두 펼친 상태를 제도하며, 원자재(겉 감)뿐만 아니라 부자재(안감 심지, 안단 등)의 패턴도 함께 제작한다.

⑤ 최종(완성) 패턴(Final(Master) Pattern)

디자인에 적합한 패턴으로 응용, 변형 설계한 후 제작(재단, 봉제 등)에 필요한 모든 표식을 규정에 따라 완성시킨 패턴이다.

4) 착용대상과 부위에 따른 패턴의 분류

착용자의 체형을 고려한 패턴제작은 중요한 요인의 하나이다. 어떤 대상을 기준으로 제작되었는가에 따라 성별, 연령 등으로 구분하며, 신체의 특성(비만, 허약, 임부, 장애, 노인 등)에 따른 특수대상을 위한 패턴으로 분류할 수 있다.

인체의 어느 부위를 피복(Cover)하기 위한 제작인가에 따라 상반신(목, 허리)을 피복하는 보디스(Bodice) 패턴, 팔을 피복하기 위한 소매(Sleeve) 패턴, 목을 피복하는 칼라(Collar) 패턴, 하반신(허리에서 다리)을 피복하는 스커트(Skirt) · 바지(Slacks) 패턴으로 나눈다.

5) 의복 종류에 따른 패턴의 분류

의복은 의복디자인의 종류에 따라 다르며 블라우스(Blouse), 재킷(Jacket), 코트(Coat), 스커트(Skirt), 팬츠(Pants), 원피스드레스(One-piece Dress) 등의 패턴이 있다.

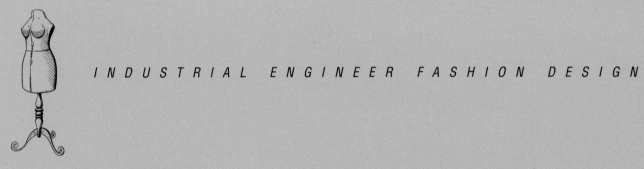

INDUSTRIAL ENGINEER FASHION DESIGN

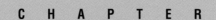

05

원형과 다트

Bodice & Dart

05 CHAPTER

원형과 다트(Bodice & Dart)

원형은 평면패턴(Flat Pattern)을 만들기 위한 가장 기초가 되는 작업이며 인체측정을 통해 얻은 치수나 표준치수에 의해 제작된 기본 패턴이다.
이상적인 원형은 누구에게나 잘 맞아야 하며 제도설계 방법이 간단하고 쉬워야 한다. 또한 어떠한 종류의 의복에도 쉽게 적용할 수 있어야 하며
다양한 방법으로 응용, 전개할 수 있어야 한다.
원형은 다양한 방법으로 제도 · 설계할 수 있으나, 단촌식과 장촌식, 병용식 제도설계방법이 주로 사용되고 있다.

SECTION 01 | 몸판(길) 원형(Bodice Sloper) 각 부위의 명칭

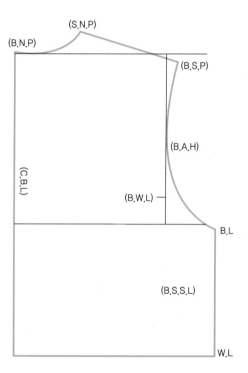

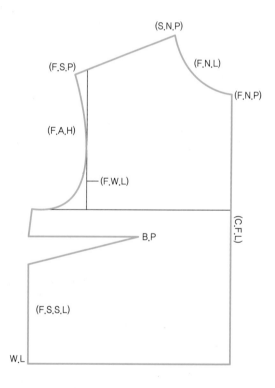

■ 몸판(길) 원형 제도에 필요한 약자

부위	약자	영문명	부위	약자	영문명
가슴둘레	B	Bust Circumference	진동둘레선	A.H	Arm Hole
허리둘레	W	Waist Circumference	앞목점	F.N.P	Front Neck Point
허리선	W.L	Waist Line	옆목점	S.N.P	Side Neck Point
가슴선	B.L	Bust Line	뒤목점	B.N.P	Back Neck Point
젖꼭짓점	B.P	Bust Point	뒷중심선	C.B.L	Center Back Line
어깨끝점	S.P	Shoulder Point	앞중심선	C.F.L	Center Front Line
옆솔기	S.S	Side Seam	뒤진동맞춤표	B.N	Back Notch
중심선	C.L	Center Line	앞진동맞춤표	F.N	Front Notch

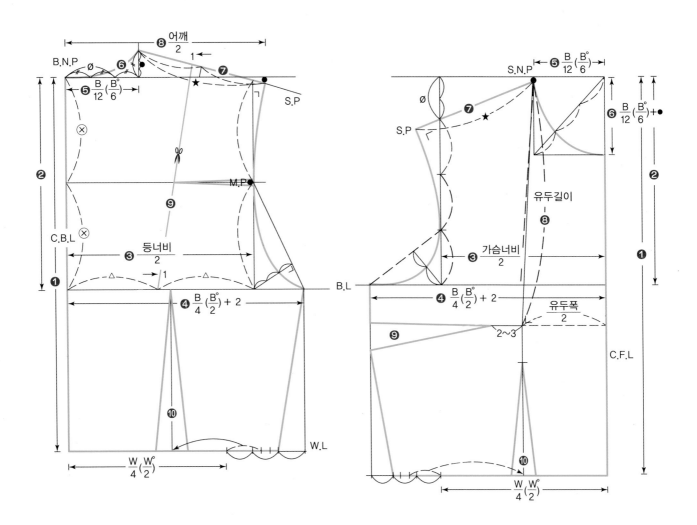

■ 적용치수

부위	상의길이	가슴둘레	앞길이	앞너비(가슴너비)	어깨너비	등너비	등길이	유두너비	유두길이	허리둘레	엉덩이둘레
치수	56cm	86cm	40.5cm	33cm	38cm	35cm	38cm	18cm	24cm	68cm	92cm

■ 제도설계 순서

뒤판(Back)		앞판(Front)	
❶ 등길이(38)	❼ 어깨선 설정	❶ 앞길이(40.5)	❼ 어깨선 설정
❷ 진동깊이 $\frac{B}{4}\left(\frac{B°}{2}\right)$	❽ 어깨 지수 적용	❷ 진동깊이 $\frac{B}{4}\left(\frac{B°}{2}\right)$	❽ 유장과 유폭을 동시에 적용
❸ $\frac{등너비}{2}$	❾ 어깨 다트 설정	❸ $\frac{가슴너비}{2}$	❾ 옆 가슴 다트 설정
❹ 가슴둘레 $\frac{B}{4}\left(\frac{B°}{2}\right)+2$	❿ 허리 다트 설정	❹ $\frac{B}{4}\left(\frac{B°}{2}\right)+2$ 가슴둘레	❿ 허리 다트 설정
❺ 목둘레 $\frac{B}{12}\left(\frac{B°}{6}\right)$		❺ $\frac{B}{12}\left(\frac{B°}{6}\right)$ (가로)목둘레	
❻ $\frac{B}{12}$에 대한 $\frac{1}{3}$량 L직각		❻ $\frac{B}{12}\left(\frac{B°}{6}\right)+●$ (세로)목둘레	

인체는 허리선을 기준으로 상반신과 하반신의 형태가 다르므로 상반신과 하반신의 패턴으로 분리하여 제도설계를 한다. 그러나 우리가 착용하는 의복을 살펴보면 재킷이나 원피스드레스, 블라우스, 코트 등 상반신에서 하반신에 이르기까지 허리선이 분리 제작되지 않은 의복이 대부분이다.

이런 경우 토르소 원형(Torso Sloper)을 사용하게 되는데, 토르소 원형은 상반신과 하반신을 연결하여 제작된 원형을 의미한다. 토르소 원형은 허리의 굴곡선을 상하로 연결하는 제도설계로서 쉽지 않으며, 허리선을 너무 꼭 끼게 제작하면 신축성이 부족한 의복일 경우 허리선에 원치 않는 주름이 생기게 된다. 그러므로 토르소 원형을 제작할 때에는 허리선의 여유분을 원형보다 많이 주게 되므로 다트나 절개선에서 여유분을 조절 설계하게 된다.

■ 토르소 원형 각 부위의 명칭

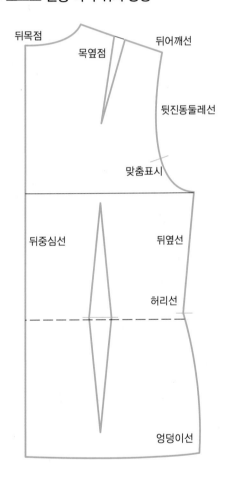
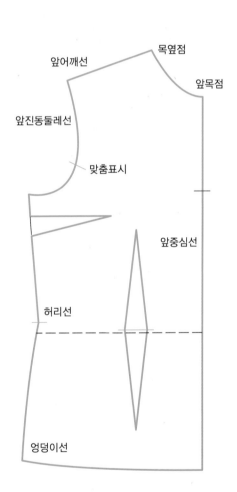

■ 적용치수

부위	상의길이	가슴둘레	앞길이	앞너비(가슴너비)	어깨너비	등너비	등길이	유두너비	유두길이	허리둘레	엉덩이둘레
치수	56cm	86cm	40.5cm	33cm	38cm	35cm	38cm	18cm	24cm	68cm	92cm

토르소 원형은 허리선에서 연장 제도설계하는 것이며, 허리선의 밀착된 정도에 따라 피티드(Fitted), 세미피티드(Semi-Fitted), 루즈피티드(Loose-Fitted)로 나누며, 상반신과 하반신이 서로 다른 체형에 적합하도록 설계되어 있다. 따라서 상반신과 하반신을 연결하여 제도설계할 수 있는 토르소 원형을 제시하고자 한다.

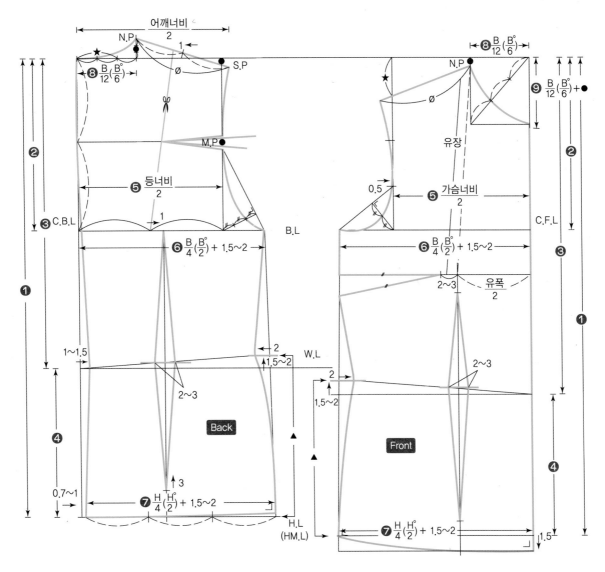

적용치수		제도설계 순서	
		뒤판(Back)	앞판(Front)
가슴둘레	84	❶ 길이(상의) 56	❶ 길이(상의) 56+차이치수(2.5)
엉덩이둘레	92	❷ 진동깊이 $\frac{B}{4}\left(\frac{B°}{2}\right)$	❷ 진동깊이 $\frac{B}{4}\left(\frac{B°}{2}\right)$
상의 길이	56	❸ 등길이	❸ 앞길이(등길이+차이치수)
등길이	38	❹ 엉덩이길이 →W.L에서 18~20cm 아래로 내려옴	❹ 엉덩이길이 →W.L에서 18~20cm 아래로 내려옴
어깨너비	37	❺ $\frac{등너비}{2}$	❺ $\frac{가슴너비}{2}$
등너비	34	❻ 가슴둘레 $\frac{B}{4}\left(\frac{B°}{2}\right)$+1.5~2	❻ 가슴둘레 $\frac{B}{4}\left(\frac{B°}{2}\right)$+1.5~2
가슴너비	32	❼ 엉덩이둘레 $\frac{H}{4}\left(\frac{H°}{2}\right)$+1.5~2	❼ 엉덩이둘레 $\frac{H}{4}\left(\frac{H°}{2}\right)$+1.5~2
유두너비	18	❽ 목둘레 $\frac{B}{12}\left(\frac{B°}{6}\right)$	❽ 목둘레 $\frac{B}{12}\left(\frac{B°}{6}\right)$-가로
유두길이	24	❾ $\frac{B}{12}\left(\frac{B°}{6}\right)$ 의 $\frac{1}{3}$ 양	❾ 목둘레 $\frac{B}{12}\left(\frac{B°}{6}\right)$+● -세로
앞길이	40.5		

프린세스라인이 어깨부터 밑단까지 연장된 라인이다. 어깨라인은 실루엣이 직선라인으로 길어 보이는 효과가 있다.

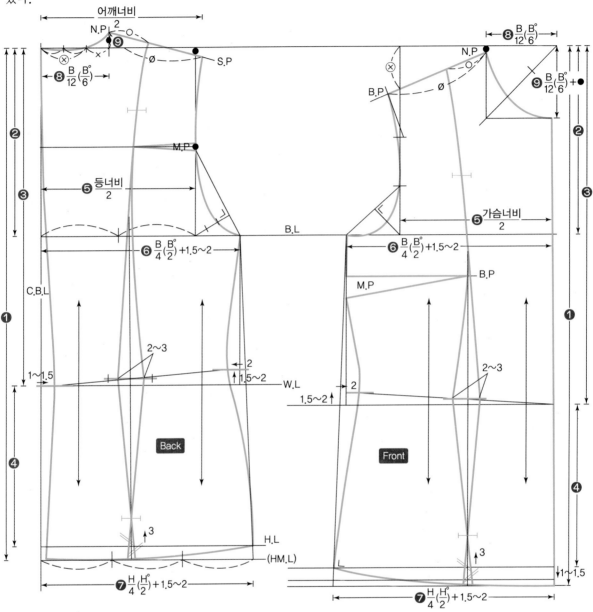

적용치수		제도설계 순서	
		뒤판(Back)	앞판(Front)
가슴둘레	84		
엉덩이둘레	92	❶ 길이(상의) 56	❶ 길이(상의) 56+차이치수(2.5)
상의 길이	56	❷ 진동깊이 $\frac{B}{4}\left(\frac{B°}{2}\right)$	❷ 진동깊이 $\frac{B}{4}\left(\frac{B°}{2}\right)$
등길이	38	❸ 등길이	❸ 앞길이(등길이+차이치수)
어깨너비	37	❹ 엉덩이길이→W.L에서 18~20cm 아래로 내려옴	❹ 엉덩이길이→W.L에서 18~20cm 아래로 내려옴
등너비	34	❺ $\frac{\text{등너비}}{2}$	❺ $\frac{\text{가슴너비}}{2}$
가슴너비	32	❻ 가슴둘레 $\frac{B}{4}\left(\frac{B°}{2}\right)$+1.5~2	❻ 가슴둘레 $\frac{B}{4}\left(\frac{B°}{2}\right)$+1.5~2
유두너비	18	❼ 엉덩이둘레 $\frac{H}{4}\left(\frac{H°}{2}\right)$+1.5~2	❼ 엉덩이둘레 $\frac{H}{4}\left(\frac{H°}{2}\right)$+1.5~2
유두길이	24	❽ 목둘레 $\frac{B}{12}\left(\frac{B°}{6}\right)$	❽ 목둘레 $\frac{B}{12}\left(\frac{B°}{6}\right)$ −가로
앞길이	40.5	❾ $\frac{B}{12}\left(\frac{B°}{6}\right)$ 의 $\frac{1}{3}$ 양	❾ 목둘레 $\frac{B}{12}\left(\frac{B°}{6}\right)$+● −세로

프린세스라인이 진동둘레에서 밑단까지 연결된 라인으로 여성스러운 부드러운 곡선으로 이루어져 있으므로, 여성복의 대표적인 라인으로 모든 의복에 가장 많이 사용된다.

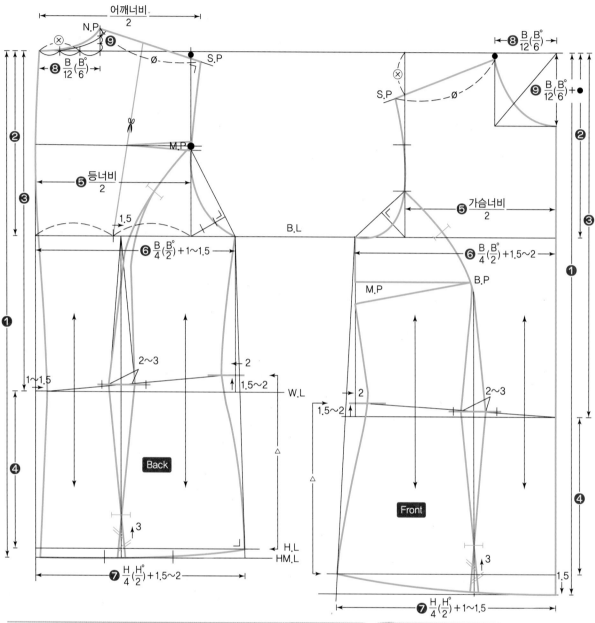

적용치수		제도설계 순서	
		뒤판(Back)	앞판(Front)
가슴둘레	84		
엉덩이둘레	92	❶ 길이(상의) 56	❶ 길이(상의) 56+차이치수(2.5)
상의 길이	56	❷ 진동깊이 $\frac{B}{4}\left(\frac{B°}{2}\right)$	❷ 진동깊이 $\frac{B}{4}\left(\frac{B°}{2}\right)$
등길이	38	❸ 등길이	❸ 앞길이(등길이+차이치수)
어깨너비	37	❹ 엉덩이길이 →W.L에서 18~20cm 아래로 내려옴	❹ 엉덩이길이 →W.L에서 18~20cm 아래로 내려옴
등너비	34	❺ $\frac{\text{등너비}}{2}$	❺ $\frac{\text{가슴너비}}{2}$
가슴너비	32	❻ 가슴둘레 $\frac{B}{4}\left(\frac{B°}{2}\right)$+1.5~2	❻ 가슴둘레 $\frac{B}{4}\left(\frac{B°}{2}\right)$+1.5~2
유두너비	18	❼ 엉덩이둘레 $\frac{H}{4}\left(\frac{H°}{2}\right)$+1.5~2	❼ 엉덩이둘레 $\frac{H}{4}\left(\frac{H°}{2}\right)$+1.5~2
유두길이	24	❽ 목둘레 $\frac{B}{12}\left(\frac{B°}{6}\right)$	❽ 목둘레 $\frac{B}{12}\left(\frac{B°}{6}\right)$ -가로
앞길이	40.5	❾ $\frac{B}{12}\left(\frac{B°}{6}\right)$ 의 $\frac{1}{3}$ 양	❾ 목둘레 $\frac{B}{12}\left(\frac{B°}{6}\right)$ +● -세로

다트는 인체의 곡선을 표현하고 인체의 입체감을 살릴 수 있는 필수적인 요소이며 디자인의 다양한 변형을 가능하게 해준다. 즉, 다트를 분할하거나 위치를 변화시킴으로써 옷의 느낌을 달리할 수 있으며, 상반신의 돌출된 가슴과 잘록한 허리의 곡선은 다트(Dart)를 이용하여 표현할 수 있다. 다트는 옷감의 유연한 성질을 이용하여 어느 방향과 위치로 옮겨도 인체의 아름다운 곡선을 그대로 표현할 수 있게 하며 한 개의 다트를 분할하거나 이동하여 부드러운 턱과 개더(Gather), 플레어(Flare) 등 드레이프성을 줄 수가 있다. 또한 절개선으로 변형시켜 여러 개 또는 하나의 다트로 표현할 수도 있다. 이러한 원리를 이용하여 다양한 디자인을 만들어낼 수 있으며 이를 다트 활용(Dart M.P) 방법이라고 한다. 그러므로 가슴다트는 버스트 포인트(B.P ; Bust Point)의 위치를 변동하거나 분할하여 여러 가지 디자인(개더나 턱, 플리츠 등)과 다양한 방법으로 연출할 수 있다.

SECTION 08 | 원형(길) 다트의 위치별 명칭

■ 다트의 명칭

길 다트는 여러 가지 방법과 방향으로 이동하여 변형할 수 있으며, 다트는 옷을 몸에 맞게 하는 중요한 요소 중의 하나이다. 길의 기본다트가 위치를 변화(이동)함에 따라 이동된 위치에 따른 명칭도 달라진다.

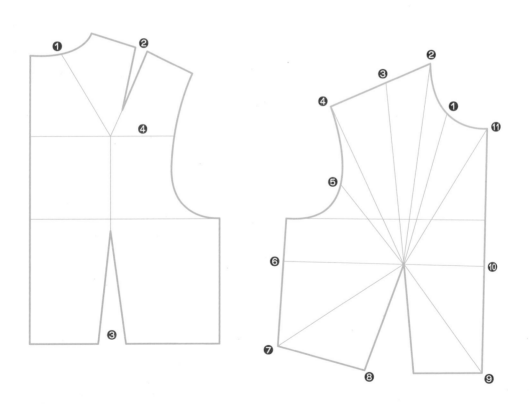

■ 원형(길) 다트의 위치에 따른 명칭

뒤길	앞길
❶ 목둘레션 다트(Neckline Dart)	❶ 목둘레션 다트(Neckline Dart)
❷ 어깨다트(Shoulder Dart)	❷ 옆 넥포인트 다트(Side Neck Point Dart)
❸ 허리다트(Waist Dart)	❸ 어깨다트(Shoulder Dart)
❹ 암홀다트(Arm Hole Dart)	❹ 어깨점 다트(Shoulder Point Dart)
	❺ 암홀다트(Armhole Dart)
	❻ 옆다트(Underarm Dart)
	❼ 프렌치다트(French Dart)
	❽ 허리다트(Waist Dart)
	❾ 앞중심허리다트(Center Front Waist Dart)
	❿ 앞중심다트(Center Front Dart)
	⓫ 앞중심 넥포인트 다트(Center Front Neck Point Dart)

SECTION 09 | 다트의 특성과 정리

하나의 다트가 벌어진 정도는 다트의 길이에 따라 다르다. 그러나 각 다트를 실제 같은 다트의 벌어진 양과 한 위치에 겹쳐보면 다트의 각도가 모두 같은 것을 알 수 있다. 즉, 다트 끝의 각도에 따라 양의 크기가 달라진다.

그리고 다트의 끝점은 인체의 돌출된 부위를 향하는데 인체의 돌출점은 뾰족하지 않고 둥근 모습이다. 따라서 모든 다트는 돌출점까지 연장하지 않고 포인트점을 중심으로 2~5cm 정도 벗어나도록 정리한다. 다트 분량은 디자인, 다트의 개수, 가슴의 형태와 인체의 특징에 따라 조절되며 여러 개의 다트일 때는 포인트 점에서 거리를 두고 정리한다.

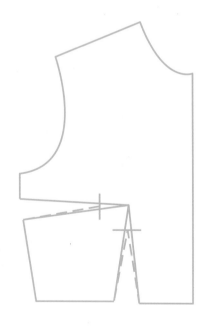 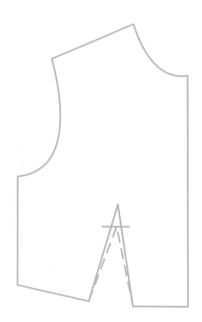

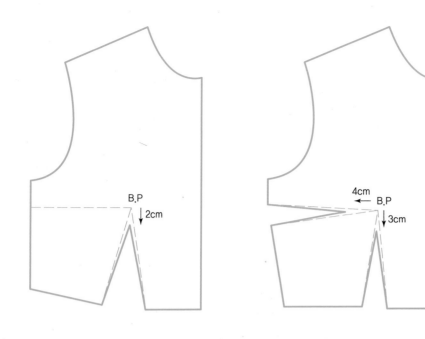

다트의 위치를 이동시키는 방법에는 절개법과 회전법이 있으며, 어떤 방법이든 다트 끝은 항상 고정한 뒤 변형시켜야 한다.

① **절개방법(Slash Method)** : 다트를 원하는 위치에 선을 긋고 절개한 후 기본원형의 다트를 접어서(M.P) 다트 위치를 이동시키는 방법으로, 이해하기 쉽고 정확한 방법이어서 초보자가 사용하기 적합하다.

② **회전방법(Pivot Method)** : B.P(Bust Point)인 고정점(Pivot Point)을 중심으로 원형을 고정시킨 후 다른 원형을 넣고자 하는 위치로 다트를 돌려서 이동시키는 방법이다. 절개법보다 복잡해 보이지만 패턴의 손상이 없으므로 절개법처럼 매번 기초패턴을 다시 제작할 필요가 없기 때문에 능률적이고 합리적인 제작방법이라 할 수 있다.

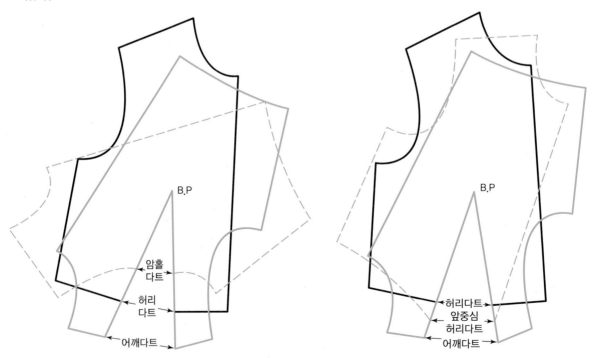

(3) 웨이스트 다트(Waist Dart)

① 허리다트(A, B)를 자르고 옆다트(C와 D)를 붙여준다.
② 허리다트는 B.P에서 아래로 4~5cm 떨어진 곳에서 다시 보정선을 그린다.

1)

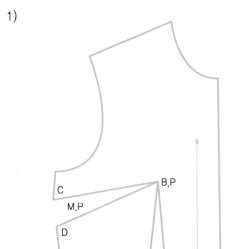

2)

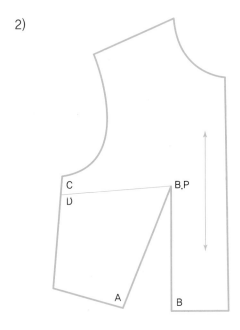

3)

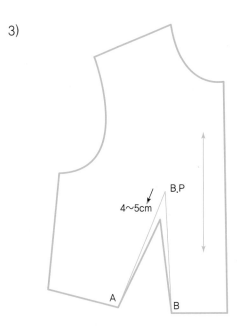

(4) 프렌치 다트(French Dart)

① 옆허리점에서 B.P까지 프렌치다트선을 설정한다.

② 설정된 다트선을 절개한다.

③ 허리 다트를 붙여주고(A, B) 설정된 다트선(C, D)을 절개하여 다트 위치를 정한다.

④ 3)과 같이 B.P점에서 아래로 3cm 내려온 지점에서 다시 보정선을 긋는다.

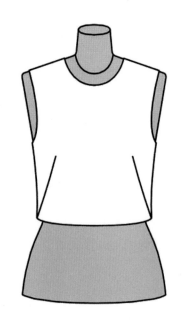

1)

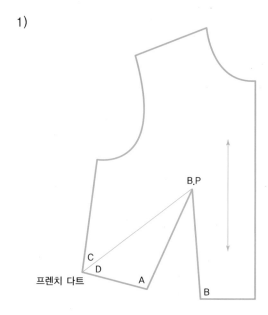

2)

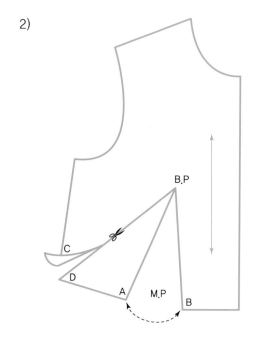

3)

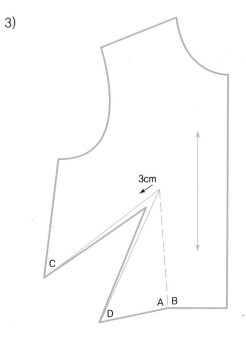

(5) 어깨 다트(Shoulder Dart)

① 어깨선의 1/2점에서 목 방향으로 1cm 이동하여 어깨다트선을 설정한다.

② 설정된 어깨다트선을 절개한 후 허리 다트를 붙여주고(A, B) 다트 위치를 정한다. 형성된 다트를 B.P에서
2~3cm 떨어진 곳까지 그린다.

③ 3)과 같이 B.P점에서 2~3cm 위에 다시 보정선을 긋는다.

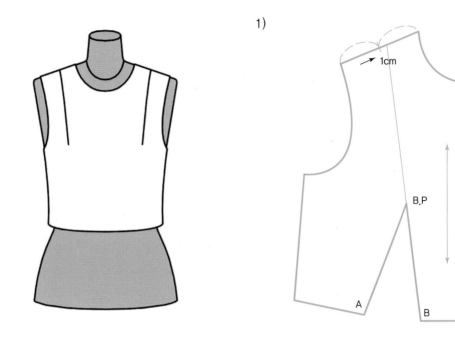

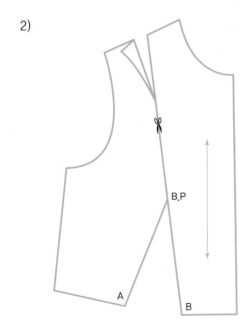

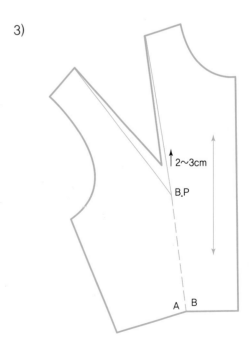

(6) 암홀 다트(Armhole Dart)

① 암홀의 1/2점에서 B.P까지 다트를 설정하여 그린다.

② 원형을 그리고 또 다른 원형의 B.P를 핀으로 고정시킨 후 A와 B가 만날 때까지 패턴의 A점을 회전시킨다.

③ A점을 회전시켜 A와 B점이 만난 암홀 다트 형태

④ 3)과 같이 B.P점에서 3~4cm 위의 지점에서 암홀선 쪽으로 보정선을 다시 긋는다.

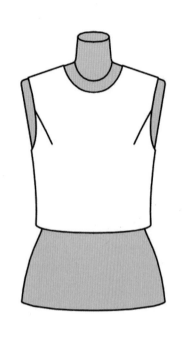

1)

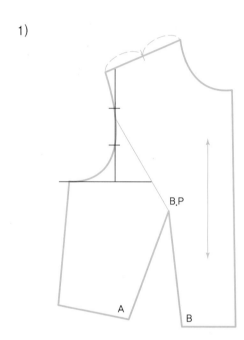

2)

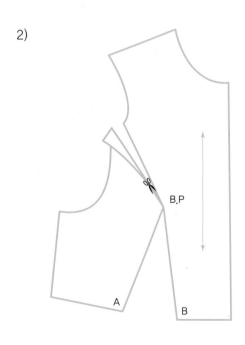

3)

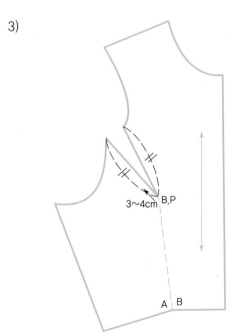

(7) 네크라인 다트(Neckline Dart)

① 목둘레선에 새 다트위치를 설정하여 B.P와 직선 연결한다.

② 설정된 다트선을 절개한 후 B.P를 핀으로 고정시킨다.

③ A점을 B점까지 회전시킨다.

④ 3)과 같이 형성된 다트를 B.P에서 4~5cm 위로 보정선을 그린다.

1)

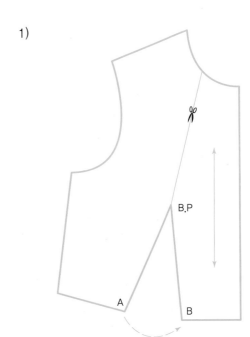

2)

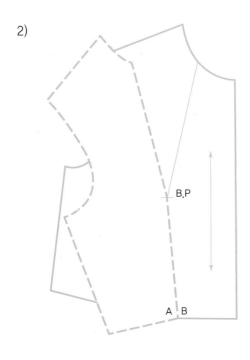

3)

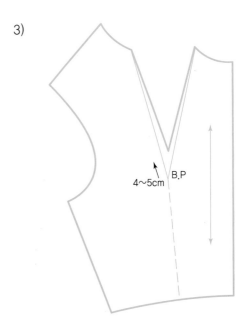

(8) 앞중심 웨이스트 다트(Center Front Waist Dart)

① 앞중심 허리선에서 B.P까지 다트선을 설정하여 그린다.

② 설정된 선을 절개한 후 A와 B를 붙여준다.

③ 형성된 앞중심 허리 다트를 B.P에서 2~3cm 아래로 그린다.

④ 3)과 같이 형성된 다트를 B.P점에서 4~5cm 내려온 후 허리 중심쪽으로 보정선을 긋는다.

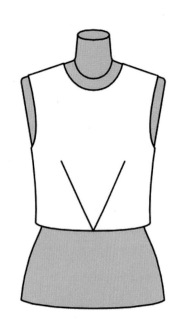

1)

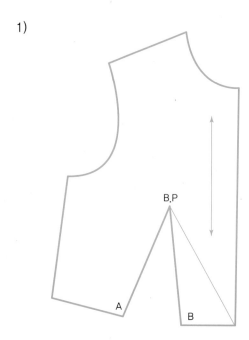

2)

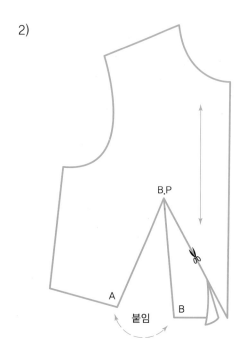

3)

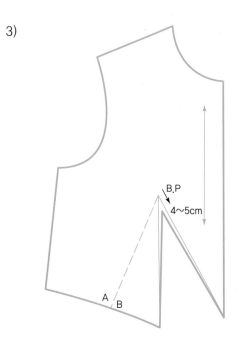

(9) 목과 허리 다트(Neck & Waist Dart)

① 이동할 옆다트를 B.P까지 연장하여 A와 A'로 표기한다.

② 목둘레선에 새 다트위치를 설정하여 선을 긋는다.(B.P까지)

③ 그려진 선(B, B')을 절개한다.

④ 기본원형 위에 다른 원형의 B.P를 핀으로 고정한 후 A와 A'점을 붙인다.

⑤ 벌려진 B와 B'를 B.P로부터 4~5cm 위로 목다트선을 그린다.

⑥ 벌려진 C와 C'의 다트를 B.P에서 3cm 떨어진 곳까지 그린다.

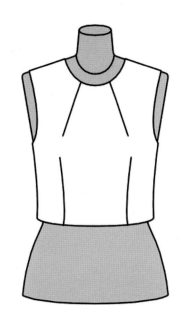

1)

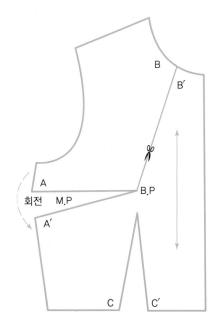

2)

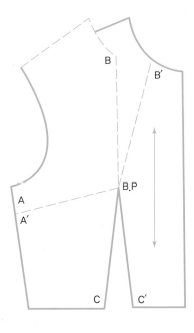

3)

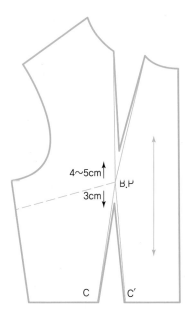

(10) 어깨와 허리 다트(Shoulder & Waist Dart)

① 어깨의 1/2 지점에 다트선을 설정한 후 선을 긋는다.

② 다트선이 설정된 선을 절개하고 B.P를 핀으로 고정한 후 C와 D점을 붙인다.

③ 형성된 어깨 다트선과 허리 다트선에서 4~5cm 떨어진 위치에 각각 다트를 그린다.

④ 형성된 다트를 B.P점에서 위로 4~5cm, 아래로 3~4cm 지점에서 다시 다트선을 그린다.

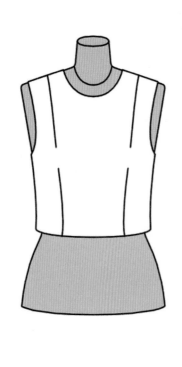

1)

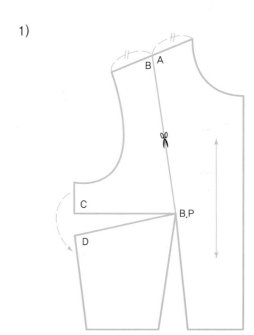

2)

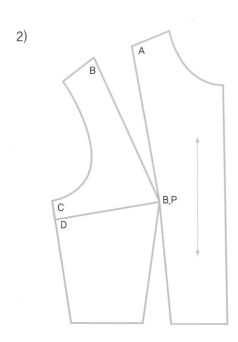

3)

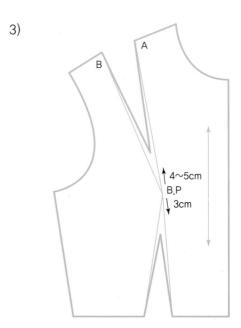

(11) 암홀과 허리 다트(Armhole & Waist Dart)

① 암홀 1/2지점에서 B.P까지 다트선을 설정한다.

② 설정된 다트선을 절개하고 옆다트(A, B)를 붙여준다.

③ 새로 설정된 다트선을 B.P에서 3~4cm 이동하여 다트선을 그린다.

④ 3)과 같이 형성된 다트를 B.P점에서 3~4cm 위로 암홀 다트로 보정선을 그리고 B.P점에서 아래로 3~4cm 아래로 보정선을 그린다.

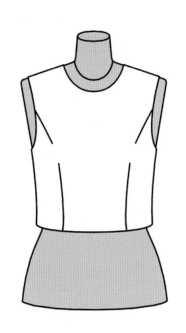

1)

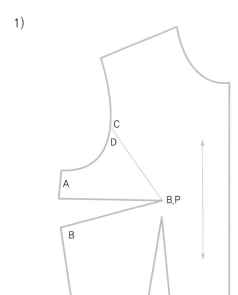

2)

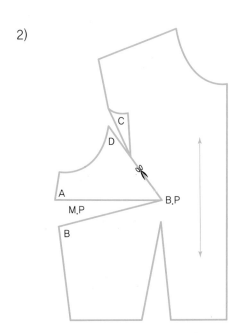

3)

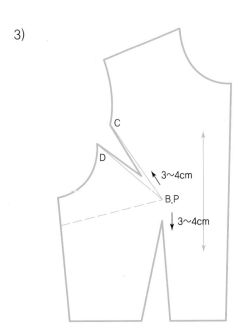

(12) (뒤길) 목과 허리 다트(Neck & Waist Dart)

① 뒤길은 앞길과 달리 돌출점이 적으므로 합치거나 이동하여 다양하게 변형하기가 쉽지 않다.

② 목둘레선에 다트위치를 설정한다.

③ 선을 긋고 절개한 후 점(A, B)을 붙인다.

④ 목 다트의 길이는 7cm로 정하고 허리 다트는 원형 그대로 사용하도록 한다.

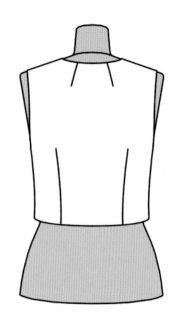

1)

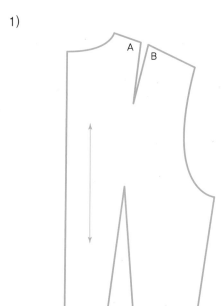

2)

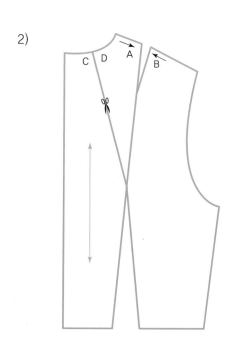

3)

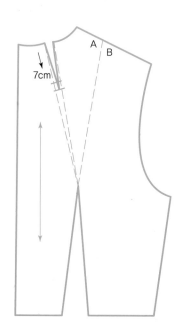

(13) 턱(Tuck)

① 턱은 옷감에 주름을 잡고 박아서 장식하는 것이다. 다트양을 이용하기도 하나 필요한 양만큼 증감할 수 있다.

② 턱의 위치를 설정한 후 선을 긋는다.(B.P와 연결)

③ 선을 절개한 후 벌어진 분량을 고르게 조절하면서 점(A, B)을 붙인다.

④ 원하는 턱의 길이를 정한 후 3)과 같이 다시 보정선을 긋는다.

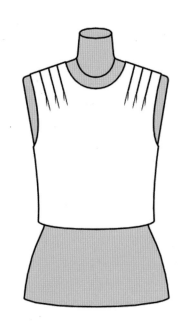

1)

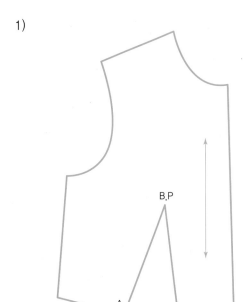

2)

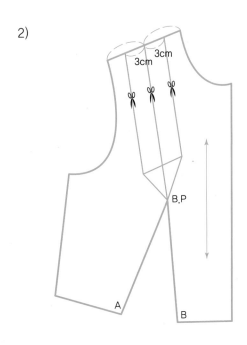

3)

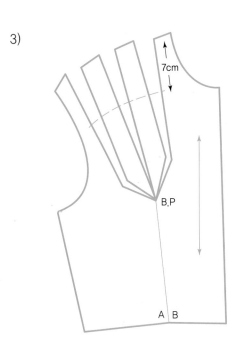

(14) 개더(Gathers)

다트보다 개더로 처리하면 부드러운 느낌을 주며, 풍성한 개더를 원할 때는 원형을 더 많이 절개하여 주름분을 늘려 증감이 가능하다. 다트와 달리 개더는 정확하게 표시하기 쉽지 않으나 원형의 목둘레의 치수를 확인하여 일치시키도록 한다.

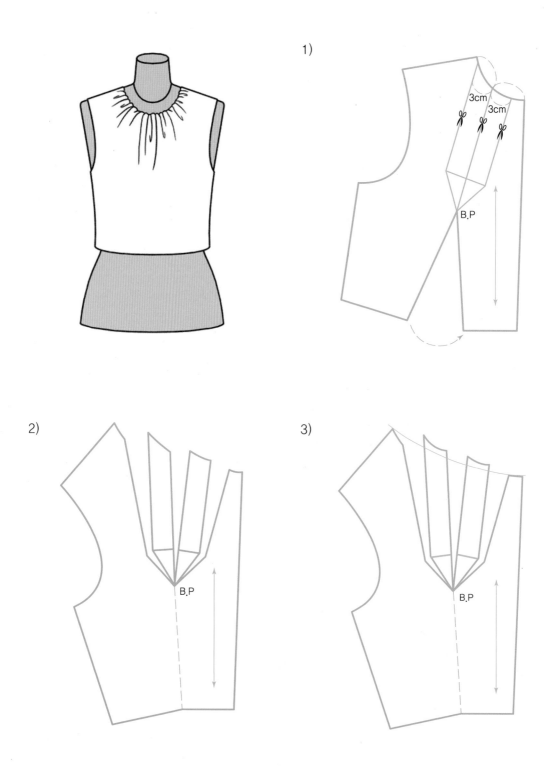

(15) 다트를 생략한 무다트(Dartless)

다트(Dart)는 디자인에서 인체의 곡선을 표현하기 위한 필수적인 요소이다. 그러나 때로는 디자인에 따라 또는 제작공정의 간소화와 비용절감을 위해 생략되기도 한다. 다트가 생략되었다고 해서 인체의 굴곡마저 없어지는 것은 아니며, 입체감과 굴곡의 표현은 다소 떨어지나 맞음새는 변함이 없다. 그러나 다트를 없애야 하는 경우 인체를 왜곡시키게 되므로 왜곡의 최소화를 위해 분산시켜 제거하도록 해야 한다.

1)

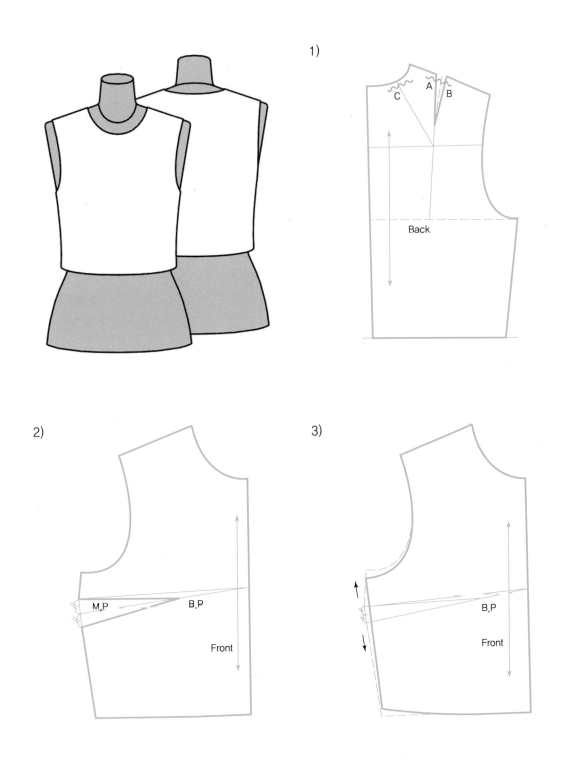

2)

3)

(16) 패러렐 다트(Parallel Dart)

① 기본다트를 B.P에서 떨어진 위치에 다시 그린다.

② 1)과 같이 절개선을 설정하여 그린다.

③ 그려진 절개선을 자른다.

④ 2)와 같이 A, B의 기본다트를 접는다.(M.P)

⑤ 3)과 같이 벌려진 다트를 B.P점에서 3~4cm의 간격을 두고 곡선의 옆 다트로 그린다.

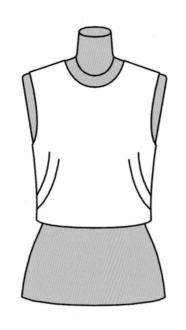

1)

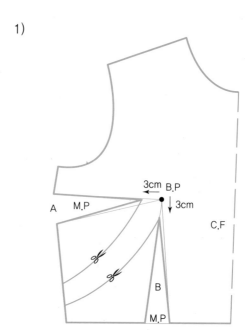

2)

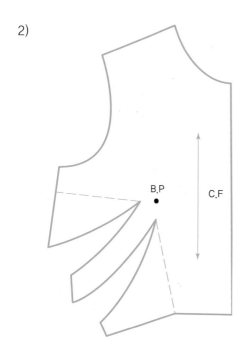

3)

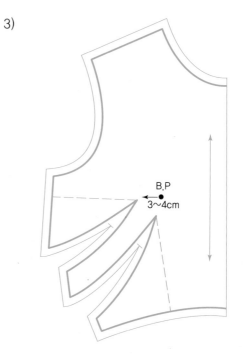

(17) 넥 패러렐 다트(Neck Parallel Dart)

① 앞네크라인을 디자인과 적합하게 원형에서 7cm 깊게 내려긋고 A와 같이 제거한다.

② 다트의 절개선을 설정하여 넥 포인트와 3cm 간격을 두고 B, C와 같이 그린다.

③ 설정된 다트선을 자른 후 기본다트 D와 E를 접는다.(M.P)

④ 디자인에 적합하게 벌어진 다트 형태를 B.P에서 각각 3~4cm, 4~5cm 위로 다트의 보정선을 다시 긋는다.

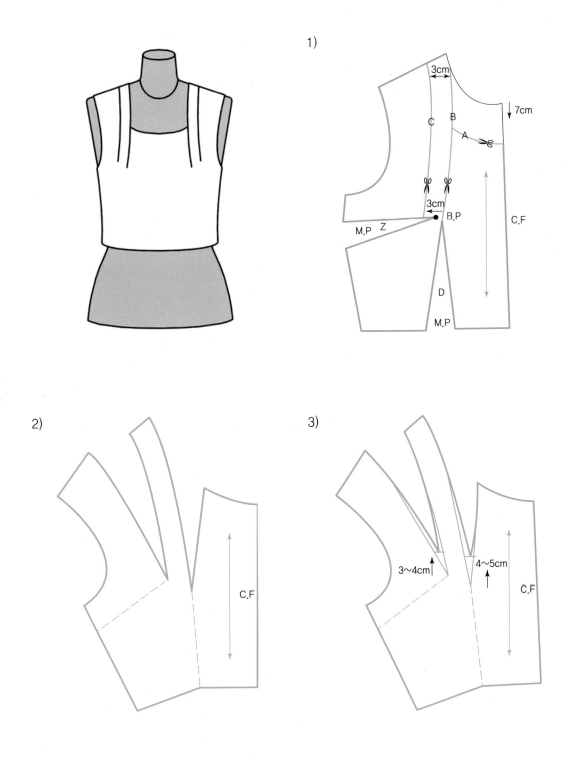

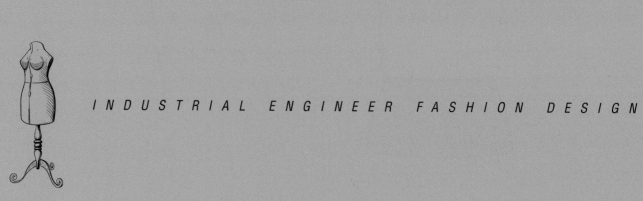

INDUSTRIAL ENGINEER FASHION DESIGN

06

네크라인 & 칼라
Neckline & Collar

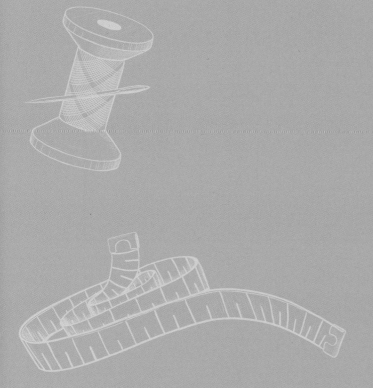

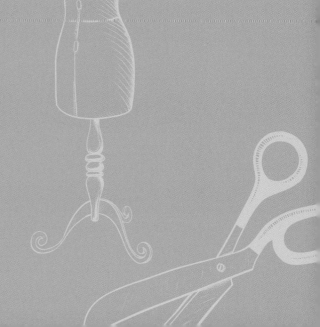

06 CHAPTER

네크라인 & 칼라

인체는 좌우대칭이 완벽하진 않지만, 의복은 좌우를 같은 치수로 제작했을 때 가장 자연스럽다. 의복제작 시 신체의 왜곡된 부분을 그대로 나타내기보다는 왜곡된 부분을 보완할 수 있어야 한다. 의복 원형은 특수한 경우를 제외하고는 반쪽만 제도하며, 인체 구조와 마찬가지로 앞뒤를 구분하여 제도한다. 몸통의 범위는 목둘레에서 엉덩이까지를 포함하나, 허리선을 기준으로 상반신과 하반신의 체형이 달라 하나의 패턴으로 구성하기에는 한계가 있다. 때문에 신체 부위 중 움직임이 가장 많고 큰 부분을 상반신, 하반신, 팔 세 부분으로 나누고, 원형도 상의, 하의, 소매로 나누어 제도한다. 이 중 상의 원형은 다양한 네크라인과 칼라를 이용하여 여러 가지 디자인과 분위기를 표현할 수 있다.

SECTION 01 | 네크라인(Neckline)

네크라인은 목둘레선에 칼라를 달지 않고 변형시키므로 다양한 형태로 분위기를 연출할 수 있다. 둥근형, 보트형, 사각형, 브이형 등 목둘레를 파거나 올려서 여러 가지 형태로 변형이 가능하다. 목둘레선은 얼굴형, 목의 굵기, 의복과의 조화를 고려하여 디자인해야 한다.

(1) 둥근 네크라인(Round Neckline)

기본원형의 목둘레선을 깊고 넓게 판 디자인으로 부드럽고 여성스러운 네크라인이다.

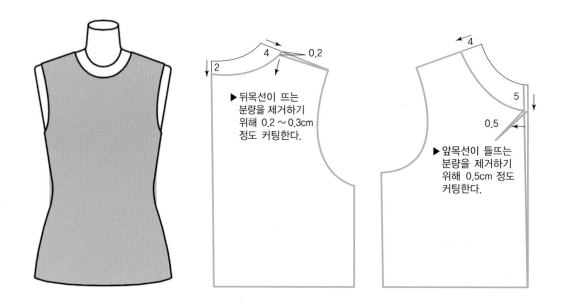

▶ 뒤목선이 뜨는 분량을 제거하기 위해 0.2 ~ 0.3cm 정도 커팅한다.

▶ 앞목선이 들뜨는 분량을 제거하기 위해 0.5cm 정도 커팅한다.

(2) 스퀘어 네크라인(Square Neckline)

스퀘어 네크라인은 심플(Simple)하면서도 시원한 느낌의 디자인으로 여름철 의복에 적용하기 적합한 네크라인이다.

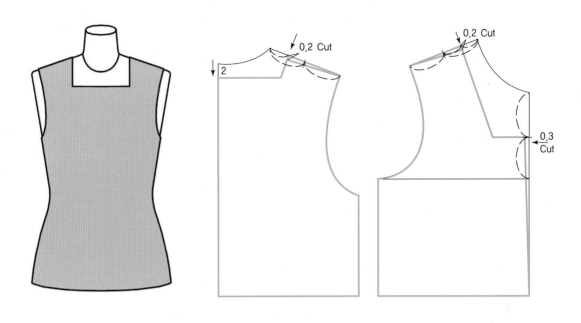

(3) 브이 네크라인(V Neckline)

브이 네크라인은 둥근 얼굴이나 목이 짧은 사람에게 잘 어울리는 네크라인으로, 단정하고 샤프한 느낌을 주며 스포티한 네크라인이다.

(4) 스위트하트 네크라인(Sweet Heart Neckline)

스위트하트 네크라인은 여성스러우면서도 우아한 느낌을 주므로 이브닝 또는 웨딩드레스에 잘 어울린다.

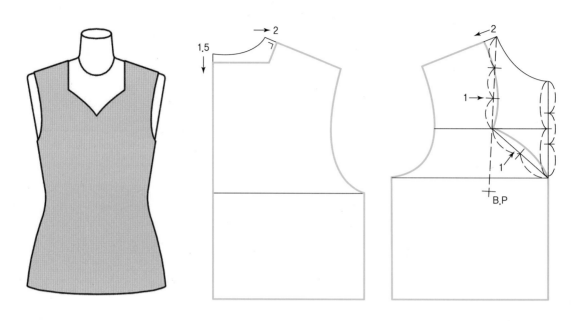

SECTION 02 | 칼라(Collar)

칼라는 의복의 일부분으로 목과 얼굴 가까이 있기 때문에 착용자의 인상에 큰 영향을 미치며, 얼굴형에 따라 다양한 이미지를 연출할 수 있다. 보기에 아름답고 착용감이 좋은 칼라 제작을 위해서는 먼저 목과 어깨의 인체 구조를 이해해야 한다.

(1) 칼라의 각 부위 명칭

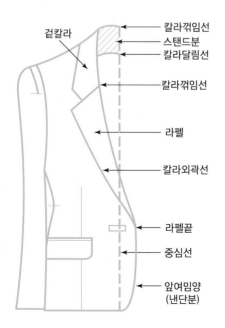

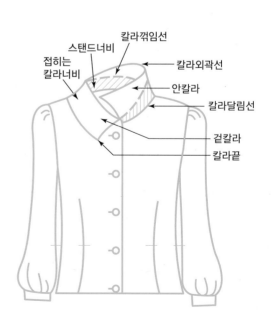

(2) 칼라 용어

① **칼라달림선** : 칼라의 달림선은 길의 목둘레선 치수와 같은 치수로 봉제되어야 할 부분이므로 목둘레선의 치수와 동일해야 한다.

② **칼라외곽선** : 칼라 모양의 테두리선으로 외곽을 결정하는 선이다.

③ **칼라꺾임선** : 칼라가 목선을 따라 접히면서 안쪽 선과 바깥쪽 선 또는 보이는 칼라부분과 보이지 않는 부분으로 나누는 선이다.

④ **칼라세움분** : 칼라가 접혀서 세워진 칼라부분의 높이이며, 칼라꺾임선까지의 높이를 나타낸다.

⑤ **겉칼라** : 겉칼라는 뒷중심칼라의 꺾임선에서 칼라외곽선까지이며 칼라 세움양보다 넓다.

(3) 칼라달림선과 각도에 의한 변화

칼라의 형태는 칼라달림선의 모양에 따라 어깨 위에 놓여 있는 칼라의 모양으로 알 수 있다. 아래 그림과 같이 칼라달림선의 형태는 칼라의 모양을 결정하며 스탠드분이 넓은 칼라는 목 부위를 감싸는 곡선 또는 직선이 되고, 스탠드분이 좁아 어깨 위로 눕는 칼라는 칼라의 스탠드분이 거의 없이 달림선이 아래로 곡선을 이룬다.

■ **칼라달림선의 형태**

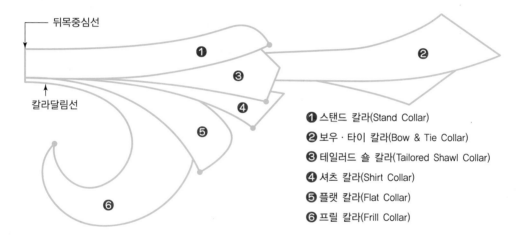

① **칼라달림선이 목둘레선과 반대인 형태** : 목둘레선과 칼라달림이 반대인 형태는 칼라의 외곽선 길이가 칼라달림선의 길이보다 짧아 스탠드분만 있고 꺾임양이 없어 선 칼라형태이다. 칼라달림선이 강할수록 칼라외곽선이 목에 붙는 칼라의 형태가 된다.

② **칼라달림선이 목둘레선인 형태** : 목둘레선 형태의 칼라들은 스탠드분이 서의 없는 칼라로서 어깨에 평평하게 놓이는 칼라 형태를 말한다.

③ **칼라달림선이 직선인 형태** : 칼라달림선이 직선인 칼라는 칼라외곽의 길이가 같게 되어 목을 감싸면서 묶어주는 칼라이며, 타이나 보우 칼라가 이에 속한다.

(4) 칼라의 형태에 따른 명칭

1) 라운드 네크라인(Round Neckline)

세일러 칼라
(Sailor Collar)

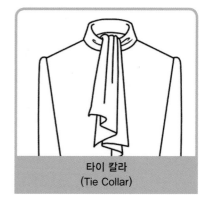

타이 칼라
(Tie Collar)

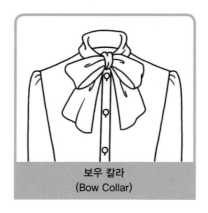

보우 칼라
(Bow Collar)

수티앵 칼라
(Soutein Collar)

2) 스퀘어 네크라인(Square Neckline)

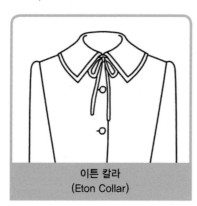

이튼 칼라
(Eton Collar)

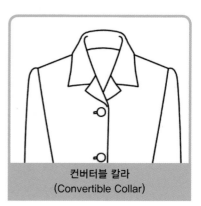

컨버터블 칼라
(Convertible Collar)

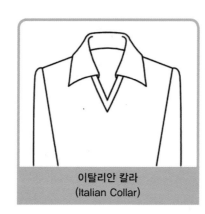

이탈리안 칼라
(Italian Collar)

숄 칼라
(Shawl Collar)

3) 스위트하트 네크라인(Sweetheart Neckline)

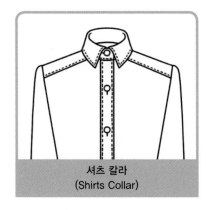

셔츠 칼라
(Shirts Collar)

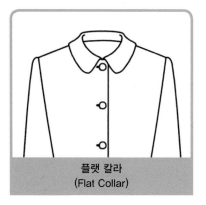

플랫 칼라
(Flat Collar)

크로스 머플러 칼라
(Cross Muffler Collar)

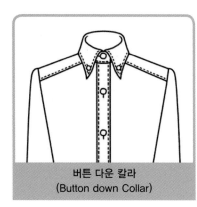

버튼 다운 칼라
(Button down Collar)

4) V-네크라인(V-Neckline)

나폴레옹 칼라
(Napoleon Collar)

피크드 칼라
(Picked Collar)

리퍼 칼라
(Reefer Collar)

테일러드 칼라
(Tailored Collar)

(5) 각종 칼라의 제도설계

1) 차이니즈 칼라(Chinese Collar)

차이니즈 칼라는 만다린 칼라라고도 하며 목둘레선을 따라 위로 세워지는 스탠드 칼라이다.

차이니즈 칼라
(Chinese Collar)

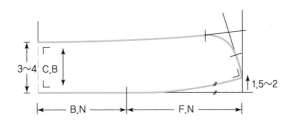

2) 플랫 칼라(Flat Collar)

플랫 칼라는 스탠드분이 거의 없이 어깨에 평평하게 놓이는 칼라를 총칭한다. 항상 단추를 잠근 형태로 논컨버터블(Non-convertible) 칼라이며 목둘레선과 어깨의 형태에 따라 칼라의 형태가 주어진다. 어깨의 겹침분에 따라 스탠드분이 변화하며 목둘레선과 어깨의 모양을 따라 칼라를 제도하므로 앞판, 뒤판의 몸판 패턴(Bodice Pattern)을 이용하여 어깨선을 마주대어 칼라를 제도한다.

이때 옆목점은 고정시키고 어깨점만 겹쳐주면서 제도설계하는데, 어깨의 겹침양에 따라 칼라의 모양에 변화를 주어 칼라외곽선이 줄어들면서 스탠드분이 생기게 된다. 반대로 어깨의 겹침양이 적어질수록 스탠드분량이 없어지므로 플랫 칼라가 된다. 그러므로 어깨점의 겹침 유무에 따라 다양한 칼라를 연출할 수 있다.

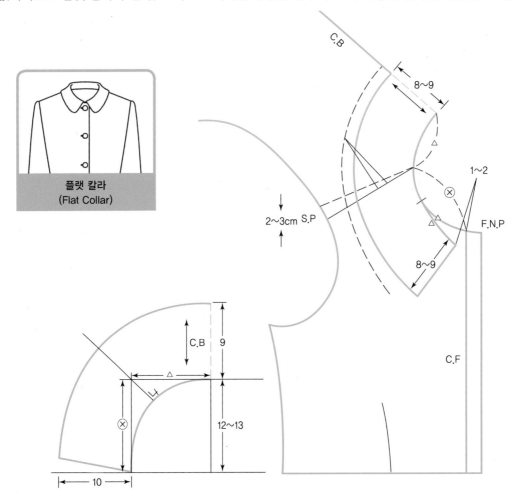

플랫 칼라
(Flat Collar)

3) 셔츠 칼라(Shirt Collar)

셔츠 칼라는 남성복에서 유래된 칼라이며, 블라우스는 타이를 맬 수 있는 스탠드분이 필요했기 때문에 칼라와 스탠드분이 분리되어 있다. 이러한 칼라는 스포티하면서도 단정한 느낌을 주어 스포티한 느낌의 여성복 셔츠블라우스에 많이 이용되고 있다.

Tip 칼라와 스탠드분을 분리하지 않고 한 장으로도 제도설계가 가능하다.

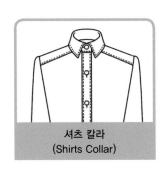

셔츠 칼라
(Shirts Collar)

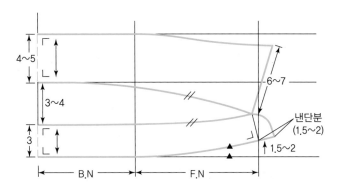

4) 수티앵(Soutien) 칼라(또는 하프롤(Half-Roll) 칼라)

하프롤 칼라는 세움양이 있는 칼라를 뜻하는 말로, 세움양이 스탠드 칼라(Stand Collar)보다는 적고 플랫 칼라(Flat Collar)보다는 많다. '수티앵 칼라(Soutien Collar)'는 불어로서 발음상의 편의로 가장 널리 사용되는 용어이며, 스테인 또는 스탱 칼라라고도 불린다.

수티앵 칼라
(Soutein Collar)

Tip 하프롤 칼라에 절개
방법을 적용하여 플
랫 칼라 또는 프릴 칼
라 등으로 다양하게
사용할 수 있으며, 프
릴양으로 변형할 수
도 있다.

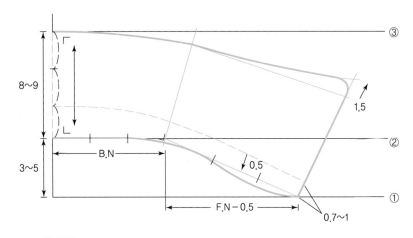

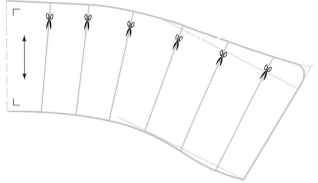

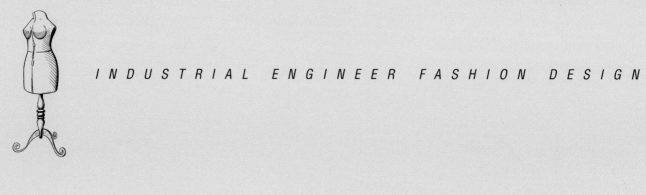

INDUSTRIAL ENGINEER FASHION DESIGN

07

소매

Sleeve

07 CHAPTER

소매(Sleeve)

소매는 인체 중 활동량이 가장 많은 팔을 감싸는 부분으로 심미적인 요소뿐만 아니라 기능적인 측면도 매우 중요하다. 소매는 몸판과 연결하며 의복의 조화를 이루도록 해야 한다. 소매길이와 폭, 소매산과 부리, 그리고 몸판와 연결되는 모양에 따라 다양한 디자인을 연출할 수 있다.

SECTION 01 | 형태에 따른 소매의 분류

소매는 몸판(Bodice)과 연결하여 크게 세 가지 형태로 분류할 수 있다.

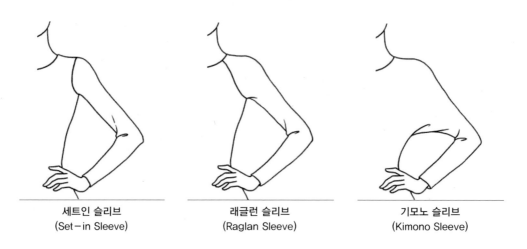

| 세트인 슬리브 | 래글런 슬리브 | 기모노 슬리브 |
| (Set-in Sleeve) | (Raglan Sleeve) | (Kimono Sleeve) |

(1) 세트인 슬리브(Set-in Sleeve)

몸판와 슬리브 패턴이 각각 분리 제도되어 진동둘레에서 소매가 달리는 형태이다. 소매가 분리 제도되므로 다양한 형태로 디자인 응용이 가능하다.

(2) 래글런 슬리브(Raglan Sleeve)

소매와 목둘레선의 몸판(Bodice)을 지나는 형태의 소매로서 몸판의 일부가 포함된 디자인이다. 래글런 소매는 어깨부위의 일부분이 소매의 이음선 없이 몸판과 연결된 소매이다.

(3) 기모노 슬리브(Kimono Sleeve)

소매가 몸판과 연결되어 이음선이 없는 하나의 형태로 이루어진 소매이다. 앞판 몸판과 소매, 뒤판 몸판과 소매가 각각 연결되어 제도되므로 소매중심선에 구성선이 형성된다. 형태에 따라 돌먼 슬리브, 프렌치 슬리브 등이 있다.

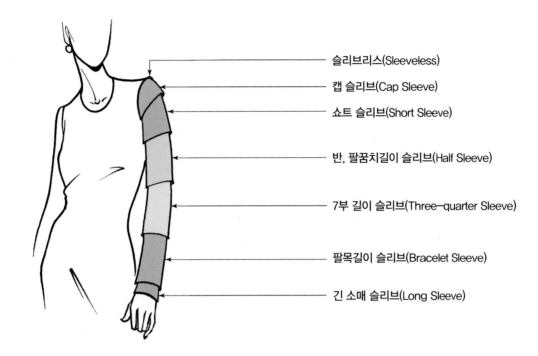

슬리브리스(Sleeveless)
캡 슬리브(Cap Sleeve)
쇼트 슬리브(Short Sleeve)
반, 팔꿈치길이 슬리브(Half Sleeve)
7부 길이 슬리브(Three-quarter Sleeve)
팔목길이 슬리브(Bracelet Sleeve)
긴 소매 슬리브(Long Sleeve)

① 슬리브리스(Sleeveless) : 소매가 없는 형태로 민소매라고도 한다.
② 캡 슬리브(Cap Sleeve) : 어깨에서 약 7~10cm 내려오며 어깨를 덮는 듯한 형태의 길이
③ 쇼트 슬리브(Short Sleeve) : 소매길이가 어깨로부터 약 15cm 내려온 짧은 형태의 길이
④ 7부 소매 슬리브(Three-quarter Sleeve) : 팔꿈치와 손목 중간까지 형태의 길이
⑤ 브레이슬릿 슬리브(Bracelet Sleeve) : 팔찌를 하는 팔목까지 내려온 형태의 길이
⑥ 긴 소매 슬리브(Long Sleeve) : 손목을 충분히 덮은 형태의 길이

Tip 소매산과 소매폭의 관계

소매산의 높이는 소매길이와 소매안선의 길이 차로, 소매모양과 기능에 직접적인 영향을 주며 옷의 종류와 디자인에 따라 다르다. 소매산의 높이가 낮으면 소매안선의 길이가 길어 움직임이 편하며, 소매산의 높이가 높으면 움직임은 불편하지만 좋은 모양의 소매가 된다.

소매는 길과 연결되어 인체의 팔을 감싸주는 부분이며, 길과 소매의 봉합상태에 따라 모양과 기능이 다르다. 인체 중 활동범위가 가장 넓은 팔을 감싸게 되므로 기능성을 기초하여 활동하기 편안하고 장식적이며 미적인 관계를 충분히 고려하여 의복과 조화를 이루도록 디자인과 제작이 함께 이루어져야 한다.

소매는 어깨에서 팔이 연결되어 있고 어깨의 관절부분이 둥그런 모양으로 이루어졌으므로 몸판의 암홀 부분이 둥글게 파여 있다. 이 부분에 소매가 연결되게 되므로 그에 따른 소매의 형태를 갖춘 소매산이 형태를 갖추고 있으며 몸판과 소매가 인체에 적합하게 연결되기 위해서는 소매에 적당한 여유량(Ease)이 필요하다. 소매의 여유량은 디자인 소재에 따라 적합하게 부여되고 있다.

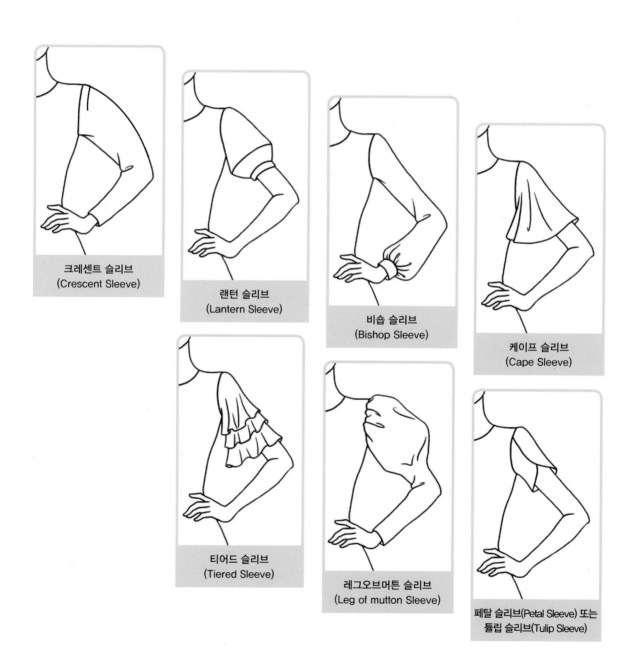

크레센트 슬리브
(Crescent Sleeve)

랜턴 슬리브
(Lantern Sleeve)

비숍 슬리브
(Bishop Sleeve)

케이프 슬리브
(Cape Sleeve)

티어드 슬리브
(Tiered Sleeve)

레그오브머튼 슬리브
(Leg of mutton Sleeve)

페탈 슬리브(Petal Sleeve) 또는
튤립 슬리브(Tulip Sleeve)

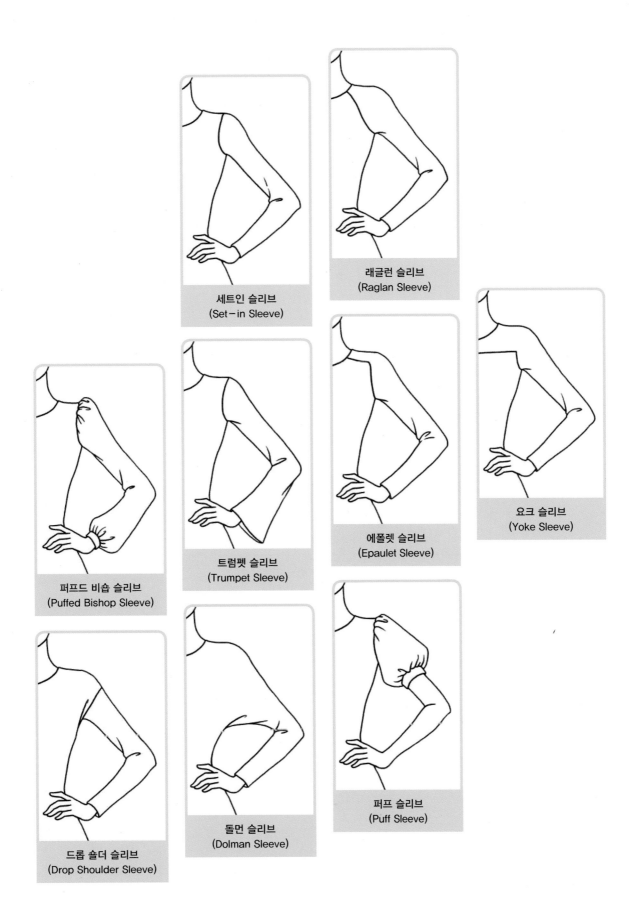

세트인 슬리브
(Set-in Sleeve)

래글런 슬리브
(Raglan Sleeve)

퍼프드 비숍 슬리브
(Puffed Bishop Sleeve)

트럼펫 슬리브
(Trumpet Sleeve)

에폴렛 슬리브
(Epaulet Sleeve)

요크 슬리브
(Yoke Sleeve)

드롭 숄더 슬리브
(Drop Shoulder Sleeve)

돌먼 슬리브
(Dolman Sleeve)

퍼프 슬리브
(Puff Sleeve)

■ 소매단둘레선

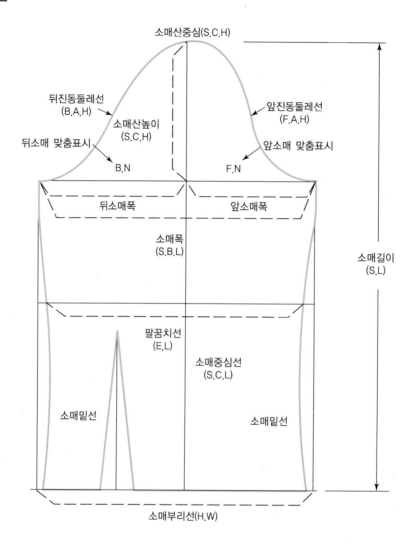

■ 소매 원형 제도에 필요한 약자

부위	약자	영문명
진동둘레	A.H	Arm Hole
앞진동둘레	F.A.H	Front Armhole
뒤진동둘레	B.A.H	Back Armhole
앞소매 맞춤표시	F.N	Front Notch
뒷소매 맞춤표시	B.N	Back Notch
소매산높이	S.C.H	Sleeve Cap Hight
소매폭선	S.B.L	Sleeve Biceps Line
소매중심선	S.C.L	Sleeve Center Line
팔꿈치선	E.L	Elbow Line
소맷부리선	H.W	Hand Wrist
소매길이	S.L	Sleeve Length

(1) 타이트 슬리브(Tight Sleeve)

세트인(Set-in) 슬리브는 몸판(Bodice)과 진동둘레에서 분리된 모든 소매의 총칭이며, 타이트 또는 피티드 슬리브(Fitted Set-In Sleeve)는 팔의 형태에 따라 큰 변형 없이 소매를 제작한 것이다. 그러므로 세트인 슬리브는 몸판와 분리된 소매 패턴을 제도설계하므로 다양한 디자인으로 변형이 가능하다.

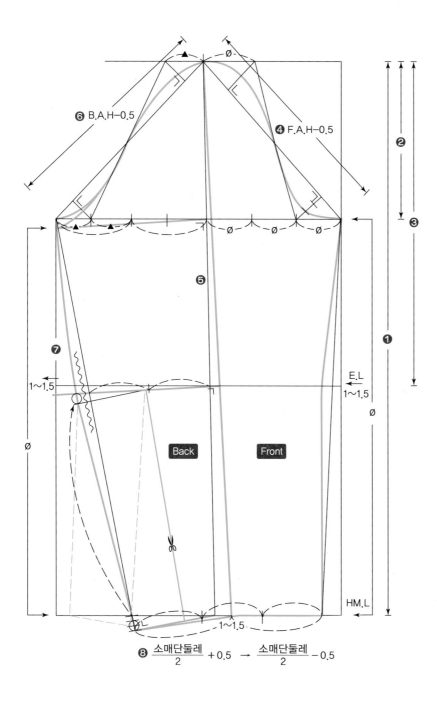

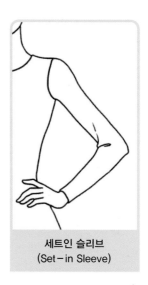

세트인 슬리브
(Set-in Sleeve)

■ 제도설계 순서

❶ 소매길이(56cm)

❷ 소매산
$$\frac{A.H(F.A.H+B.A.H)}{3}$$

❸ 팔꿈치선(E.L)
$$\frac{소매길이}{2}+3\sim4cm$$

❹ F.A.H(22cm)

❺ 중심선(S.C.L) 긋기

❻ B.A.H(23cm)

❼ 옆선 긋기

❽ 소매단둘레

❾ 소매산의 곡선을 긋는다.

❿ 직선인 소매 옆선을 곡선으로 정리한다.

❽ $\frac{소매단둘레}{2}+0.5$ → $\frac{소매단둘레}{2}-0.5$

(2) 비숍 슬리브(Bishop Sleeve)

비숍 슬리브는 소맷부리에 잔주름을 잡고 커프스를 단 소매이다. 이는 카톨릭주교가 입는 사제복에서 시작되었다.

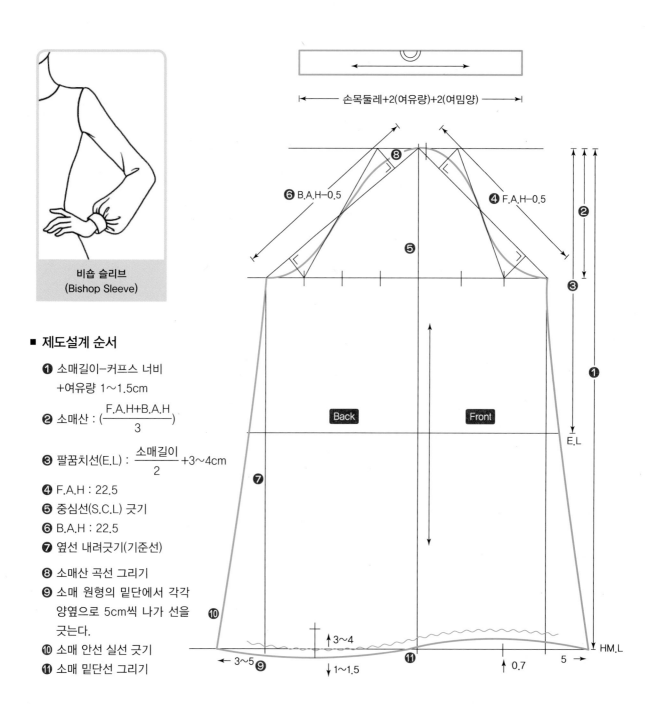

비숍 슬리브
(Bishop Sleeve)

■ **제도설계 순서**

❶ 소매길이-커프스 너비
  +여유량 1~1.5cm

❷ 소매산 : ($\frac{F.A.H+B.A.H}{3}$)

❸ 팔꿈치선(E.L) : $\frac{소매길이}{2}$+3~4cm

❹ F.A.H : 22.5

❺ 중심선(S.C.L) 긋기

❻ B.A.H : 22.5

❼ 옆선 내려긋기(기준선)

❽ 소매산 곡선 그리기

❾ 소매 원형의 밑단에서 각각
  양옆으로 5cm씩 나가 선을
  긋는다.

❿ 소매 안선 실선 긋기

⓫ 소매 밑단선 그리기

(3) 투피스 피티드 슬리브(Two-Piece Fitted Sleeve) : A형

소매 패턴을 두 장으로 분리제작한 소매로서 한 장으로 제작된 소매보다 팔의 형태와 입체감을 더욱 잘 표현할 수 있는 제도설계방법이다. 주로 재킷, 코트 등 정장, 외출용 의복의 제도설계에 많이 활용된다.

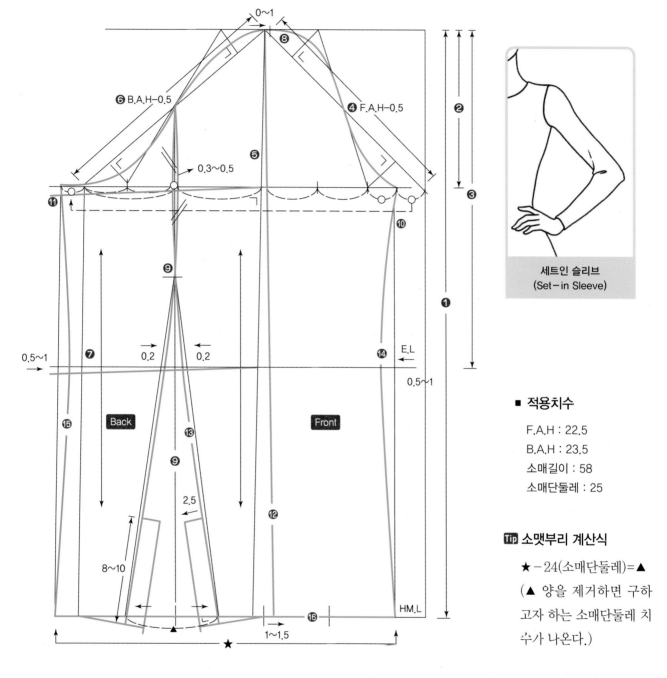

세트인 슬리브
(Set-in Sleeve)

■ 적용치수

F.A.H : 22.5
B.A.H : 23.5
소매길이 : 58
소매단둘레 : 25

Tip 소맷부리 계산식

★-24(소매단둘레)=▲
(▲ 양을 제거하면 구하고자 하는 소매단둘레 치수가 나온다.)

■ 제도설계 순서

❶ 소매길이	❻ B.A.H − 0.5	⓬ 중심선 이동(F →)하고 직선 내려긋기
❷ 소매산 : $\dfrac{F.A.H + B.A.H}{3}$	❼ 옆선 직선 내려긋기(기준선)	⓭ 소매 뒤판 절개선 실선 그리기
	❽ 소매산 곡선 그리기	⓮ 소매 안선 앞판 실선 그리기
❸ 팔꿈치선 : $\dfrac{소매길이}{2}$+3~4cm	❾ 뒤판 절개선 설정 후 직선 내려긋기	⓯ 소매 안선 뒤판 실선 그리기
❹ F.A.H − 0.5	❿ 앞판 절개선 설정 후 직선 내려긋기	⓰ 밑단선 그리기
❺ 중심선 직선 내려긋기(기준선)	⓫ 앞판 소매 절개분량 뒤로 옮겨 붙여 그리기(기준선)	

(4) 투피스 피티드 슬리브(Two-Piece Fitted Sleeve) : B형

소매 패턴을 두 장으로 분리제작한 소매는 한 장으로 제작된 소매보다 팔의 형태와 입체감을 보다 잘 표현할 수 있는 장점이 있으며, 기능성 또한 우수한 제도설계방법이다. 두 장 소매 제도설계방법은 다양하게 제시되고 있다. 아래 제시된 방법은 기본소매의 제도를 응용한 것이다.

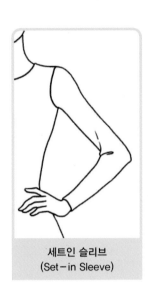

세트인 슬리브
(Set-in Sleeve)

■ 적용치수

F.A.H : 22.5
B.A.H : 23.5
소매길이 : 58
소매단둘레 : 25

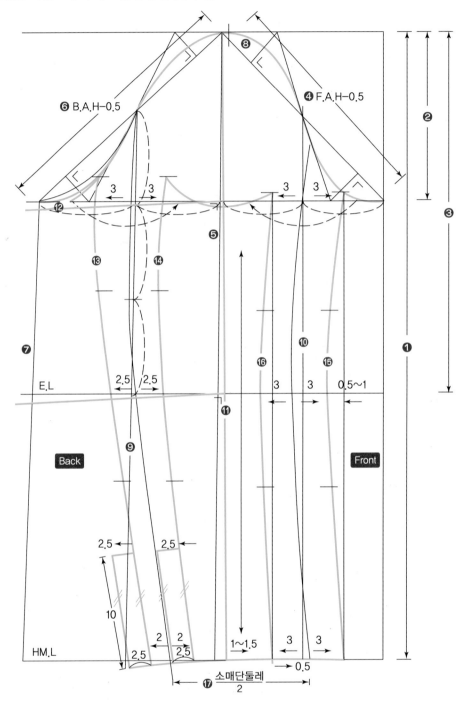

■ 제도설계 순서

❶ 소매길이	❻ B.A.H − 0.5	⑫ 소매산 재정리(곡선 긋기)
❷ 소매산 : $\dfrac{\text{F.A.H + B.A.H}}{3}$	❼ 옆선 직선 내려긋기(기준선)	⑬ 소매 뒤판 절개선 실선 긋기(大)
	❽ 소매산 곡선 그리기	⑭ 소매 뒤판 절개선 실선 긋기(小)
❸ 팔꿈치선 : $\dfrac{\text{소매길이}}{2}$ +3~4cm	❾ 뒤판 절개선 설정 후 직선 내려긋기	⑮ 소매 앞판 절개선 실선 긋기(大)
	❿ 앞판 절개선 설정 후 직선 내려긋기	⑯ 소매 앞판 절개선 실선 긋기(小)
❹ F.A.H − 0.5	⑪ 중심선 이동(F →)하고 직선 내려긋기	⑰ 소매 밑단 치수 설정 후 선긋기
❺ 중심선 직선 내려긋기(기준선)		

(5) 크레센트 슬리브(Crescent Sleeve)

안쪽은 직선, 바깥쪽은 곡선으로 만든 소매로, 소매 정면의 실루엣이 초승달처럼 보인다 하여 크레센트 슬리브라고 한다.

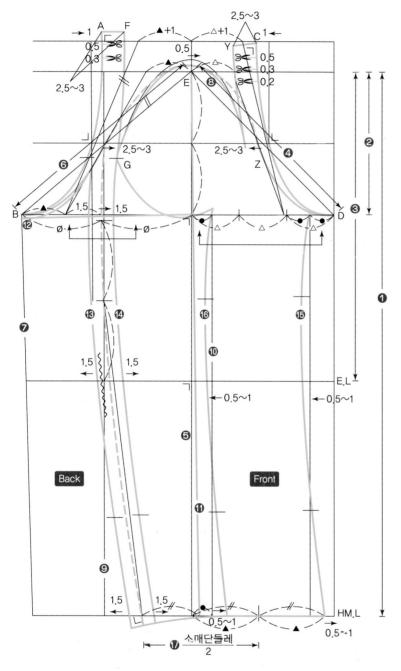

참·고

① A~B까지의 길이는 패턴 뒤판의 암홀길이이고, C~D까지의 길이는 패턴 앞판의 암홀길이이다.

② 소매산 F~G의 길이는 E~G 길이와 같고, E~Z의 길이는 Z~Y 길이와 같으나 이때 소재에 따라 이즈(Ease)양을 가감할 수 있다.

크레센트 슬리브
(Crescent Sleeve)

■ 적용치수

소매길이(S.L) : 58cm

팔꿈치길이(E.L) :

$$\frac{소매길이}{2}+3\sim4cm$$

앞진동둘레(F.A.L) : 22.5

뒤진동둘레(B.A.L) : 23.5

소매단둘레(H.W) : 25

■ 제도설계 순서

❶ 소매길이

❷ 소매산 : $\dfrac{F.A.H + B.A.H}{3}$

❸ 팔꿈치선 : $\dfrac{소매길이}{2}+3\sim4cm$

❹ F.A.H − 0.5

❺ 중심선 직선 내려긋기(기준선)

❻ B.A.H − 0.5

❼ 옆선 직선 내려긋기(기준선)

❽ 소매산 곡선 그리기

❾ 뒤판 절개선 설정 후 직선 내려긋기

❿ 앞판 절개선 설정 후 직선 내려긋기

⓫ 중심선 이동(F →)하고 직선 내려긋기

⓬ 소매산 재정리(곡선 긋기)

⓭ 소매 뒤판 절개선 실선 긋기(大)

⓮ 소매 뒤판 절개선 실선 긋기(小)

⓯ 소매 앞판 절개선 실선 긋기(大)

⓰ 소매 앞판 절개선 실선 긋기(小)

⓱ 소매 밑단 치수 설정 후 선 긋기

(6) 래글런 슬리브(Raglan Sleeve)

래글런 슬리브는 길(몸판)의 일부분이 소매에 연결되어 목선에서부터 소매선이 형성된 디자인으로 길에 소매를 붙여 제도설계한다.

■ **래글런 슬리브 각도 설정방법**

① 뒤판

• S.P(어깨점)에서 1.5cm 나간 후 뒷중심선과 평행선을 긋고 그 선과 직각으로 각 이등분한다.

• 꼭짓점과 이등분점을 직선으로 연결한 후 소매길이를 설정한다.

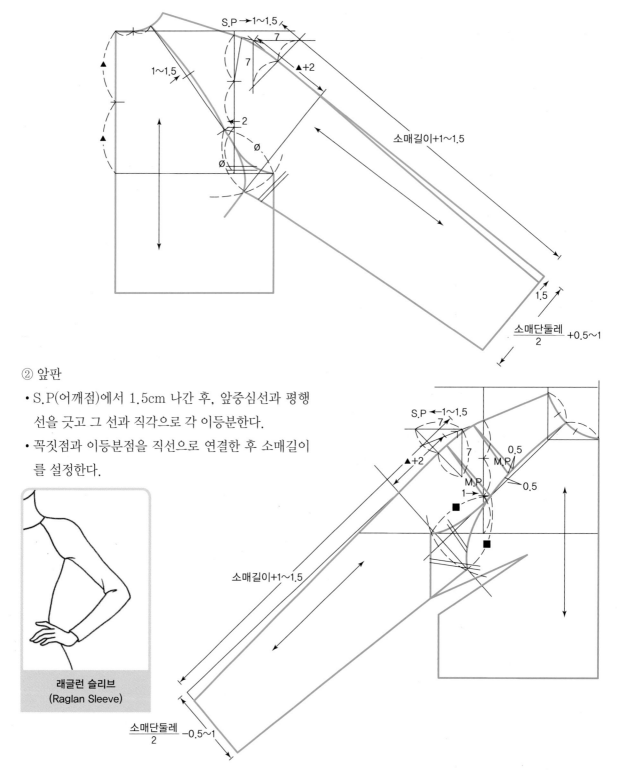

② 앞판

• S.P(어깨점)에서 1.5cm 나간 후, 앞중심선과 평행선을 긋고 그 선과 직각으로 각 이등분한다.

• 꼭짓점과 이등분점을 직선으로 연결한 후 소매길이를 설정한다.

래글런 슬리브
(Raglan Sleeve)

(1) 몸판의 맞춤표 넣는 방법

몸판(Bodice)에 맞춤표(Notch)를 넣는 방법으로는 앞판, 뒤판의 암홀(A.H)의 어깨점(S.P)에서 약 10cm 내려온 지점에 한 개의 맞춤표를 넣고 그 밑부분을 이등분한 위치에 한 개의 맞춤표를 더 넣어준다.

(2) 소매의 맞춤표 넣는 방법

소매에 맞춤표를 넣을 때에는 앞판 암홀(F.A.H)의 가운데(B) 부분에는 약 0.3cm의 이즈(Ease)양을 넣어주고 뒤판 암홀(B.A.H)의 가운데(B) 부분에는 약 0.5cm의 이즈양을 넣어준다.

소매의 가장 아랫부분인 겨드랑이의 암홀부분은 옷감이 바이어스인 관계로 늘어나게 된다. 그러므로 겨드랑이점 앞 암홀부분 (D)와 소매의 (C)부분, 뒤 암홀 아랫부분 (D)와 소매의 (C)부분을 홈질하여 자리잡음을 한 후에 제작하면 더욱 아름다운 태를 가질 수 있다.

Tip 몸판의 겨드랑이 부분은 직물 조직의 특성상 신축도가 높으므로 홈질로 고정시킴으로 늘어나지 않도록 한다.

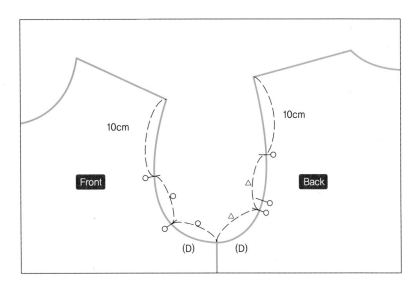

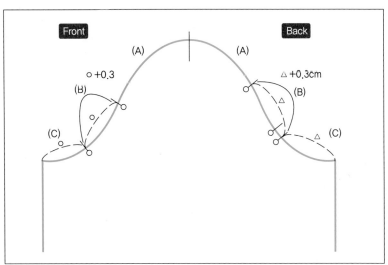

각종 디테일에 따른 제작 방법

(1) 디자인(Design)에 따른 칼라(Collar) 제작방법

1) 테일러드 칼라(Tailored Collar)

윗 칼라는 시접없이 재단하여 Bodice(몸판) 목선 안쪽 시접위에 올려놓고 상침으로 시침을 한다.

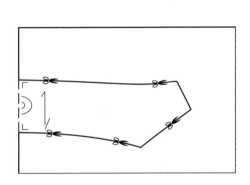
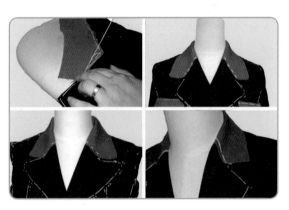

2) 스텐칼라(Sontien Coller) or 하프롤 or 스티앵 칼라

칼라는 시접없이 재단하여 몸판 목선의 안쪽 시접위에 올려놓고 상침시침을 한다.

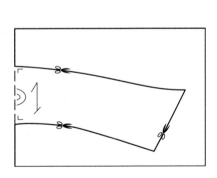
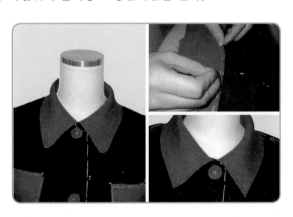

3) 셔츠 칼라(Shirt Collar)

윗 칼라는 시접없이 재단하고 밴드 윗 부분만 시접을 시접없이 재단하여 윗 칼라와 밴드를 연결하여
상침시침을 한다.

① 윗 칼라는 시접없이 재단한다.

② 밴드는 시접없이 재단하되 윗부분만 시접 1cm를 두고 재단한다.

③ 칼라를 밴드 1cm 시접위에 올려 놓고 상침시침한다.

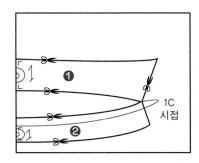 

4) 프릴된 하프롤 칼라(Frilled Harf Roll Collar)

칼라는 시접없이 재단하고 프릴의(Frill) 한쪽 부분만 시접을 두어 칼라와 연결하여 상침시침을 한다.

① 하프롤 칼라는 시접없이 재단한다.

② 프릴분은 칼라 둘레의 1.5~2배 길이로 하여 한 면만 시접 1cm를 두고 재단한다.

③ 프릴은 한쪽 면만 시접 1cm를 둔다.

④ 홈질로 오그림을 하여 칼라와 프릴을 시침한 후 몸판 목선 안쪽 시접위에 올려놓고 상침시침 한다.

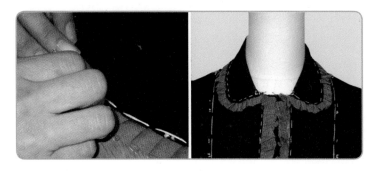

5) 세일러 칼라(Sailor Collar)

칼라는 시접 없이 재단하여 몸판 목선 안쪽 시접위에 올려 놓고 상침시침으로 고정한다.

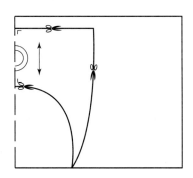 

6) 플랫 칼라(Flat Collar)

칼라를 시접없이 재단하여 목선 안쪽의 시접위에 올려 놓고 상침 시침으로 고정한다.

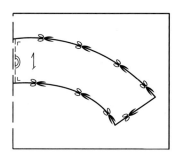

(2) 디자인(Design)에 따른 소매(Sleeve) 제작방법

소매산에 Ease(이즈) 넣는 방법

소매산은 완성선에서 시접 쪽으로 0.2~0.3cm 나가 홈질한 다음 같은 간격으로 한 번 더 홈질한 뒤 두 줄을 동시에 당겨 균형 있는 오그림이 될 수 있도록 한다.

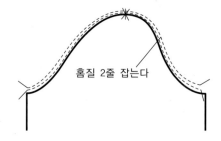

홈질 2줄 잡는다

Tip 1) 일반적으로 소매 옆선에서 4~5cm 간격을 두고 홈질하여 사용하고 있다.

　　2) 본서에서는 4~5cm 부분까지 홈질하여 4~5cm 간격을 두지 않고 사용함으로써 의복의 태를 유지하는 효율성을 높이고 있다.

1) 비숍 슬리브(Bishop Sleeve)

비숍 슬리브는 소매부리의 폭을 넓게 재단하여 손목에 주름을 처리하여 커프스를 장식한 풍성한 소매를 의미한다.

① 소매산과 소매밑단에 홈질이 끝난후에 뒤판 옆선 시접을 접어 앞판 시접위에 올려놓고 시침을 한다.

② 홈질이 끝난 밑단을 커프스 치수에 적합하게 주름을 잡은 후에 커프스를 시접 위에 올려놓고 상침 시침한다.

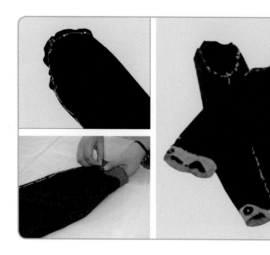

2) 퍼프 슬리브(Puffe Sleeve)

퍼프 슬리브는 소매산과 소매 끝에 잔주름을 잡아 부풀린 소매로서 귀엽게 제작된 짧은 소매이다.

① 소매산과 소매 밑단에 홈질을 한다.

② 소매의 옆선 시접을(뒤판) 접어 앞판 시접위에 올려놓고 상침 시침을 한다.

③ 홈질된 밑단을 커프스 치수에 적합하게 오그림으로 주름을 잡은 후 커프스를 시접 위에 올려놓고 상침 시침한다.

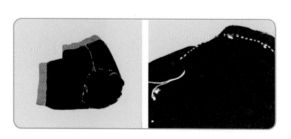

3) 타이트 슬리브(Tight Sleeve)

타이트 슬리브는 팔의 형태대로 제작된 소매로서 팔을 자연스럽게 감싸주는 형태이며 팔에 맞는 피티드(fitted) 소매라고도 한다.

① 큰소매 시접을 접어 작은 소매 시접위에 올려 놓고 상침시침 한다.(이때 소매 트임은 하지 않는다)

② 소매산을 이즈 처리한다.

③ 큰소매 안선을 접어 작은 소매 시접 위에 올려 놓고 상침시침한다.

④ 밑단을 시침하고 단추(button) 또는 탭(tab)을 부착한다.

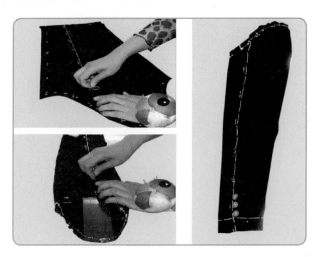

4) 래글런 슬리브(Raglan Sleeve)

래글런 슬리브는 목에서 겨드랑이 쪽으로 이음선이 있는 소매이며 디자인에 따라 다양하게 변형할 수 있다.

① 각각 앞뒤 소매 시접을 접은 후 몸판 겉 시접 위에 올려 놓고 몸판 시접과 시침으로 누름시침한다.

② 소매 중심선은 뒷소매를 접어 앞소매위에 올려 놓고 상침시침한다.

③ 옆선은 뒤판 시접을 접어 앞판 시접에 올려 놓고 상침시침으로 누름한다.

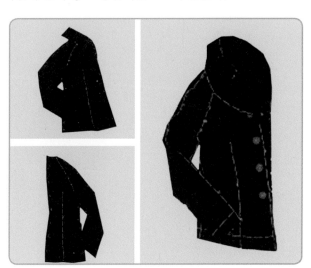

(3) 디자인에 따른 커프스(Cuffs)와 탭(Tab) 고정시키는 방법

커프스(Cuffs)나 탭(Tab) 등의 디테일은 시접없이 재단하여 디자인과 동일한 위치에 상침시침으로 고정 시침을 한다.

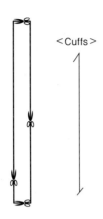

\<Cuffs\>

1) 탭(Tab) 고정시키는 방법

탭(Tab)은 시접없이 재단하여 디자인(Design)과 동일한 위치에 고정 시침한다.

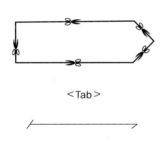

\<Tab\>

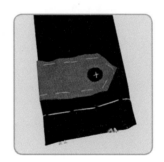

2) 소매(Sleeve) 밑단(Hem)에 프릴 연결하는 방법

① 프릴은 소매 둘레의 1.5~2배의 길이로 소매 둘레와 연결부분에 1cm 시접을 두고 재단한다.

② 재단된 프릴에 홈질 or 큰땀 박음으로 오그림을 한 후 소매 시접을 접어 프릴에 올려놓고 상침으로 누름시침한다.

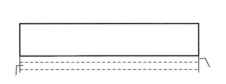

※ 소재에 따라 프릴 분량을 증감할 수 있다.

(4) 디자인(Design)에 따른 소매(Sleeve) 단추 고정시키는 방법

디자인(Design)에 적합한 단추를 시접없이 재단하여 십자로 고정 시침을 한다.

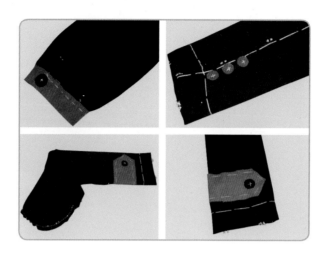

(5) 디자인(Design)에 따른 각종 주머니(Pocket) 제작 방법

① 포켓 뚜껑(Flap)과 포켓(Pocket)은 시접없이 완성선대로 재단하여 디자인과 동일한 포켓 위치에 올려놓고 상침 시침으로 고정한다.

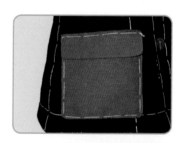

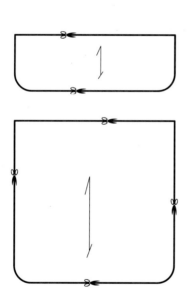

② 모든 포켓뚜껑(Flap)은 시접없이 완성선대로 재단하여 디자인과 동일한 위치에 올려놓고 상침시침으로 고정한다.

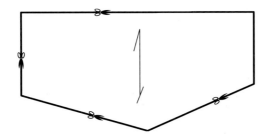
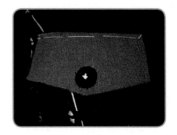

③ 포켓뚜껑(Flap)을 완성선대로 재단하여 디자인과 동일한 위치에 올려놓고 상침시침으로 고정한다.

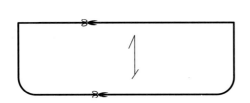
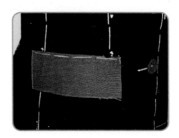

(6) 디자인(Design)에 따른 단추구멍(Button Hole)과 단추위치 설정 방법

가봉 시침에서 단추구멍과 단추위치는 반드시 옷을 착용했을 때 오른쪽에 위치하여야 한다.(단추구멍은 시침실로 길이를 표시하며 단추는 원단으로 잘라 부착한다.(실물 사진 참조)

가로 단추구멍과 단추위치는 중심선에서 0.2~0.3 여밈분쪽으로 나간후에 단추구멍을 정하며 그 위에 단추를 중심선에 위치하도록 고정시킨다.(아래 제도설계 참조)

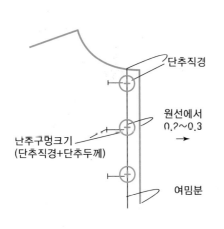
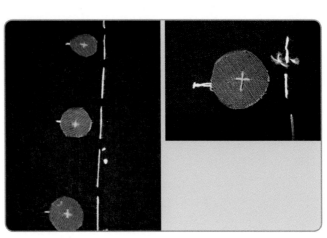

1) 더블 테일러드 재킷(Double tailored Jacket)

라펠선이 주어진 경우 라펠선 끝점에서 또는 0.5~1C까지 밑으로 내린 후에 단추구멍과 단추위치를 설정하며 착용했을 때 오른쪽에 위치하도록 고정 시침한다.(제도설계 참조)

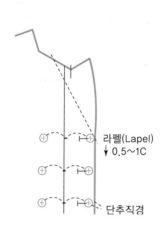

라펠(Lapel)
↓ 0.5~1C

단추직경

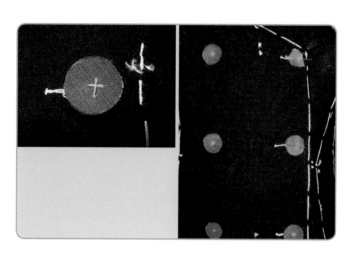

2) 셔츠칼라 재킷(Shirt Collar Jacket)

가봉 시침제작시 단자크(placket)가 있을 때 플라겟 제작방법은 단자크(placket) 위의 중심선에 세로로 단추구멍을 표시한 후 그 위에 단추를 십자로 고정 시침한다.

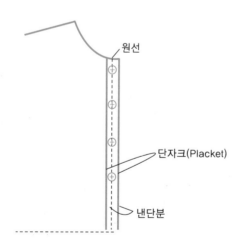

원선

단자크(Placket)

낸단분

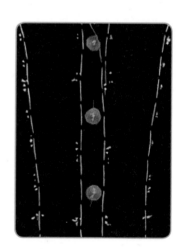

3) 싱글 테일러드 재킷(Single tailored Jacket)

라펠(Lapel)선이 형성된 재킷칼라에서는 착용했을 때 그림과 같이 단추구멍과 단추위치를 설정한다. 단추구멍은 시침실로 표시한 후에 그 위에 단추를 십자 시침으로 고정한다.

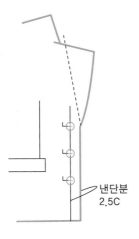

낸단분
2.5C

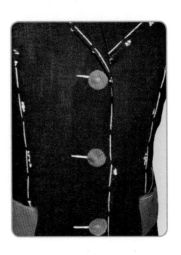

INDUSTRIAL ENGINEER FASHION DESIGN

CHAPTER

08

블라우스

Blouse

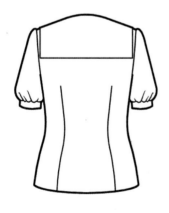

세일러 칼라
블라우스
SAILOR COLLAR BLOUSE

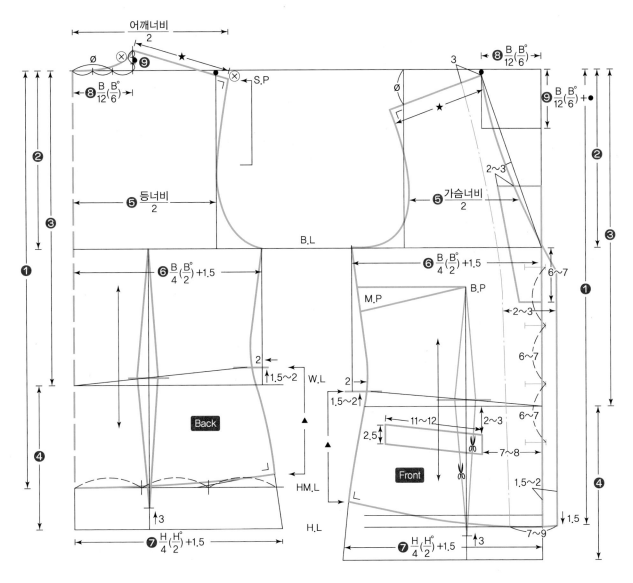

적용치수		제도설계 순서	
		뒤판(Back)	앞판(Front)
가슴둘레	84	❶ 블라우스 길이(56)	❶ 블라우스 길이+차이치수(53)
엉덩이둘레	92	❷ 진동깊이 $\frac{B}{4}\left(\frac{B°}{2}\right)$	❷ 진동깊이 $\frac{B}{4}\left(\frac{B°}{2}\right)$
블라우스 길이	53	❸ 등길이	❸ 앞길이(등길이+차이치수) (41)
등길이	38	❹ 엉덩이길이(H.L)	❹ 엉덩이길이(H.L)
어깨너비	37	W.L에서 18~20cm 아래로 내려줌	W.L에서 18~20cm 아래로 내려줌
등너비	34		
가슴너비	32	❺ $\frac{등너비}{2}$	❺ $\frac{가슴너비}{2}$
유두너비	18	❻ $\frac{B}{4}\left(\frac{B°}{2}\right)+1.5$	❻ $\frac{B}{4}\left(\frac{B°}{2}\right)+1.5$
유두길이	24	❼ $\frac{H}{4}\left(\frac{H°}{2}\right)+1.5$	❼ $\frac{H}{4}\left(\frac{H°}{2}\right)+1.5$
앞길이	40.5	❽ 목둘레 $\frac{B}{12}\left(\frac{B°}{6}\right)$	❽ 목둘레 $\frac{B}{12}\left(\frac{B°}{6}\right)$ –가로
		❾ $\frac{B}{12}\left(\frac{B°}{6}\right)$ 의 $\frac{1}{3}$ 양	❾ 목둘레 $\frac{B}{12}\left(\frac{B°}{6}\right)+●$ –세로

(1) 세일러 칼라 제도설계

세일러 칼라는 플랫 칼라(Flat Collar)의 일종으로 칼라의 세움양이 없이 몸판(Bodice)에 따라 누워 있는 형태의 칼라이다. 제도방법은 제도되어 있는 몸판(Bodice)을 잘라 앞판과 뒤판의 어깨선을 적당히 겹쳐서 제도설계한다. 이때 겹침양에 따라 칼라의 세움양을 조절하여 플랫이나 프릴 또는 목선의 세움양이 형성되는 스탠드 분량을 조절하여 사용할 수 있다.

Tip 칼라의 세움양은 어깨선 겹침양의 증감에 따라 칼라의 플랫 정도를 조절 가능

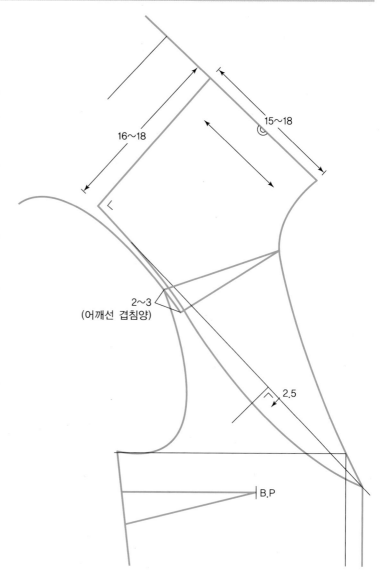

(2) 슬리브 제도설계

■ 적용치수

F.A.H : 22.5
B.A.H : 23.5
소매길이 : 25
소매단둘레(팔둘레) : 35~36

■ 제도설계 순서

❶ 소매길이

❷ 소매산 : $\dfrac{F.A.H+B.A.H}{3}$

❸ F.A.H−0.5

❹ 중심선 내려긋기

❺ B.A.H−0.5

❻ 소매 안선 내려긋기

❼ 셔링분량 넣을 위치 설정 후 절개법 제시

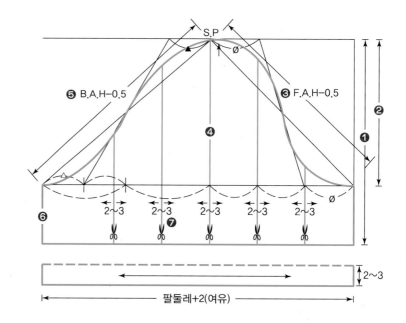

블라우스와 같이 소재가 얇은 옷감일 때는 앞판 안단을 몸판(F)에 붙여서 재단하는 것이 본체와 태의 효율성을 높여준다.

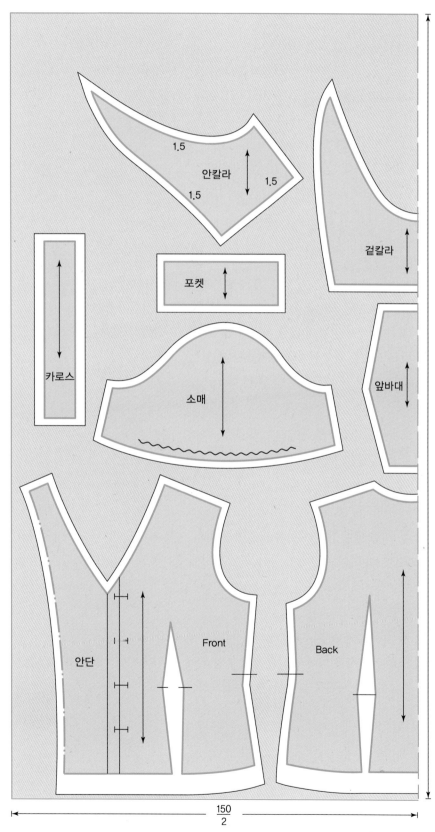

가봉시침 : 재단된 옷감의 시접을 접어 겉에서 상침(누름)시침한다.

(1) 소매(Sleeve) 제작

① 소매산은 목면사(시침실)로 잔홈질하여 이즈(Ease)양을 조절하며 오그림한다.

② 소매 안선은 뒷소매 시접을 접어 앞소매 시접 위에 올려놓고 상침시침한다.

③ 소매 밑단은 홈질하여 셔링을 잡은 후 커프스(Cuffs)를 시접 없이 재단 소매 시접 위에 올려 놓고 상침시침한다.

(2) 몸판(Bodice) 제작

1) 앞판(Front)

몸판의 앞판 다트시접을 앞중심 쪽으로 접은 후 겉에서 상침시침한다.

2) 뒤판(Back)

① 몸판의 뒤판 다트시접을 뒷중심 쪽으로 접은 후 겉에서 상침시침한다.

② 뒤판 어깨선 시접을 접어서 앞판 어깨선 시접 위에 올려놓고 상침시침한다.

③ 뒤판 옆선 시접을 접어서 앞판의 옆선 시접 위에 올려놓고 상침시침한다.

④ 블라우스의 밑단 시접은 완성선대로 접어올린 후 상침시침한다.

(3) 소매(Sleeve) 달기

① 소매산의 이즈(Ease)양을 조절하여 오그림한 후, 소매의 중심점과 몸판의 어깨점(S.P)을 맞춘다.

② 몸판의 겉과 소매의 겉을 마주보게 놓고 안쪽에서 홈질시침한다.

(4) 칼라(Collor), 포켓(Pocket) 달기

① 칼라(Collar)는 시접 없이 재단하여 몸판 칼라 위치의 시접 위에 맞추어 놓고 상침시침한다.

② 포켓(Pocket)은 시접 없이 재단하여 몸판 포켓 위치에 올려놓고 상침시침한다.

(5) 단춧구멍 및 단추 달기

① 옷을 입었을 때 오른쪽에 단춧구멍을 목면사(시침실)로 표시한다.

② 단추는 크기에 맞추어 시접 없이 재단된 단춧구멍 위에 올려놓고 시침으로 고정한다.

③ 앞중심선은 완성선대로 시접을 접어서 홈질시침으로 정리한다.

완성된 앞판의 형태

완성된 뒤판의 형태

스탠드 칼라
블라우스
STAND COLLAR BLOUSE

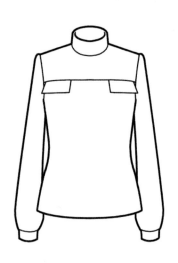

스탠드 칼라 목둘레는 손가락 2~3개가 들어갈 정도의 여유를 두고 제작해야 한다. 옆목점과 앞중심점에서 0.5~0.8cm 정도 넓힌 후 제도설계를 해야 착용에 불편함이 없고 태도 아름답다.

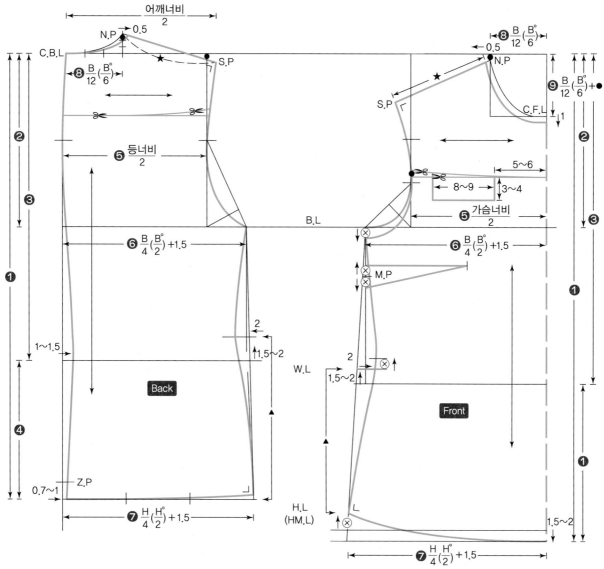

적용치수		제도설계 순서	
		뒤판(Back)	**앞판(Front)**
가슴둘레	84	❶ 블라우스 길이(53)	❶ 블라우스 길이+차이치수(56)
잉덩이둘레	92	❷ 진동깊이 $\frac{B}{4}\left(\frac{B°}{2}\right)$	❷ 진동깊이 $\frac{B}{4}\left(\frac{B°}{2}\right)$
블라우스 길이	53	❸ 등길이(38)	❸ 앞길이(등길이+차이치수) (41)
등길이	38	❹ 엉덩이길이(H.L)	❹ 엉덩이길이(H.L)
어깨너비	37	W.L에서 18~20cm 아래로 내려줌	W.L에서 18~20cm 아래로 내려줌
등너비	34		
가슴너비	32	❺ $\frac{\text{등너비}}{2}$	❺ $\frac{\text{가슴너비}}{2}$
유두너비	18	❻ $\frac{B}{4}\left(\frac{B°}{2}\right)+1.5$	❻ $\frac{B}{4}\left(\frac{B°}{2}\right)+1.5$
유두길이	24	❼ $\frac{H}{4}\left(\frac{H°}{2}\right)+1.5$	❼ $\frac{H}{4}\left(\frac{H°}{2}\right)+1.5$
앞길이	40.5	❽ 목둘레 $\frac{B}{12}\left(\frac{B°}{6}\right)$	❽ 목둘레 $\frac{B}{12}\left(\frac{B°}{6}\right)$ -가로
		❾ $\frac{B}{12}\left(\frac{B°}{6}\right)$ 의 $\frac{1}{3}$ 양	❾ 목둘레 $\frac{B}{12}\left(\frac{B°}{6}\right)$ + ● -세로

(1) 스탠드 칼라 제도설계

스탠드 칼라는 목을 감싸면서 세워진 칼라의 총칭으로, 차이니즈 칼라, 밴드 칼라 등 명칭이 다양하다.

■ **적용치수**

B.N (a)
F.N (b)
칼라 너비 : 5cm

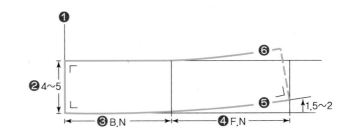

(2) 슬리브 제도설계

■ **적용치수**

F.A.H : 22.5
B.A.H : 23.5
소매길이 : 57
소매단둘레 : 20
커프스너비 : 4~5

■ **제도설계 순서**

❶ 소매길이
  57-커프스 너비+여유량(1.5)

❷ 소매산 : $\dfrac{\text{F.A.H+B.A.H}}{3}$

❸ 팔꿈치선(E.L) : $\dfrac{\text{소매길이}}{2}$ +3~4

❹ F.A.H-0.5
❺ 중심선 내려긋기
❻ B.A.H-0.5
❼ 소매 안선 내려긋기(기준선)
❽ 밑단선 그리기

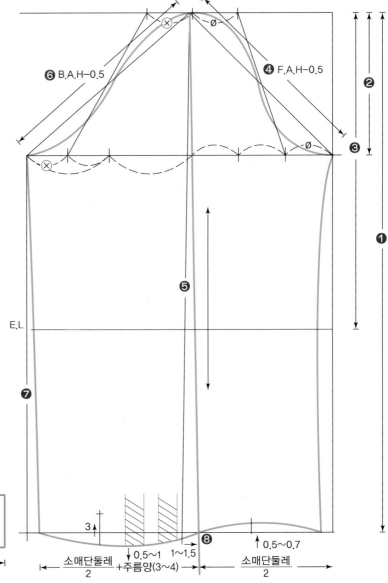

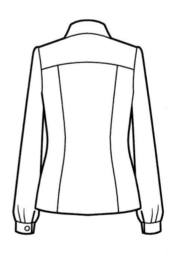

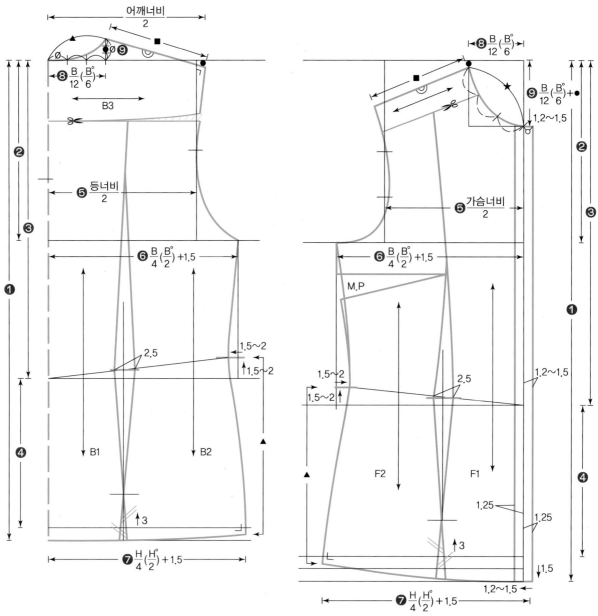

적용치수		제도설계 순서	
		뒤판(Back)	앞판(Front)
가슴둘레	84		
엉덩이둘레	92	❶ 블라우스 길이(57)	❶ 블라우스 길이+차이치수(60)
블라우스 길이	57	❷ 진동깊이 $\frac{B}{4}\left(\frac{B°}{2}\right)$	❷ 진동깊이 $\frac{B}{4}\left(\frac{B°}{2}\right)$
등길이	38	❸ 등길이(38)	❸ 앞길이(등길이+차이치수) (41)
어깨너비	37	❹ 엉덩이길이(H.L)	❹ 엉덩이길이(H.L)
등너비	34	W.L에서 18~20cm 아래로 내려줌	W.L에서 18~20cm 아래로 내려줌
가슴너비	32	❺ $\frac{등너비}{2}$	❺ $\frac{가슴너비}{2}$
유두너비	18	❻ $\frac{B}{4}\left(\frac{B°}{2}\right)$+1.5	❻ $\frac{B}{4}\left(\frac{B°}{2}\right)$+1.5
유두길이	24	❼ $\frac{H}{4}\left(\frac{H°}{2}\right)$+1.5	❼ $\frac{H}{4}\left(\frac{H°}{2}\right)$+1.5
앞길이	40.5	❽ 목둘레 $\frac{B}{12}\left(\frac{B°}{6}\right)$	❽ 목둘레 $\frac{B}{12}\left(\frac{B°}{6}\right)$ -가로
		❾ $\frac{B}{12}\left(\frac{B°}{6}\right)$ 의 $\frac{1}{3}$ 양	❾ 목둘레 $\frac{B}{12}\left(\frac{B°}{6}\right)$+● -세로

(1) 셔츠 칼라 제도설계

■ **필요측정치수(추정식)**

B.N : 8.5(△)

F.N : 10.5(★)

낸단(여밈양) : 1.2(●)

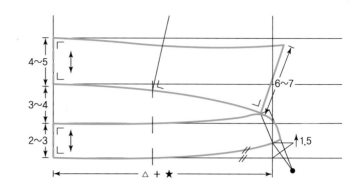

(2) 슬리브 제도설계

소매산의 높이를 ($\dfrac{A.H(F.H.B)}{3}$) 설정 후에서 2~3을 낮추어 제거해 준다.(Shirts Sleeve에서)

■ **적용치수(추정식)**

A.H(F.A.H, B.A.H)

F.A.H : 22

B.A.H : 23

소매길이 : 58

손목 둘레 : 18

커프스너비 : 5

■ **제도설계 순서**

❶ 소매길이−커프스 너비+여유량 (1.5)+2~3(소매산의 커팅양)

❷ 소매산 : ($\dfrac{A.H(F+B)}{3}$)−2~3

❸ 팔꿈치선 : $\dfrac{소매길이}{2}$ +3~4

❹ F.A.H : 22

❺ 중심선 긋기

❻ B.A.H : 23

❼ 소매 안선 내려긋기

❽ 손목 둘레 공식적용

❾ 밑단선 그리기

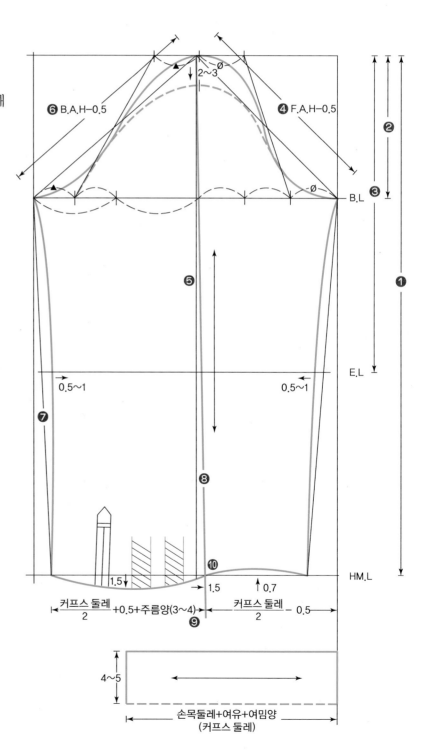

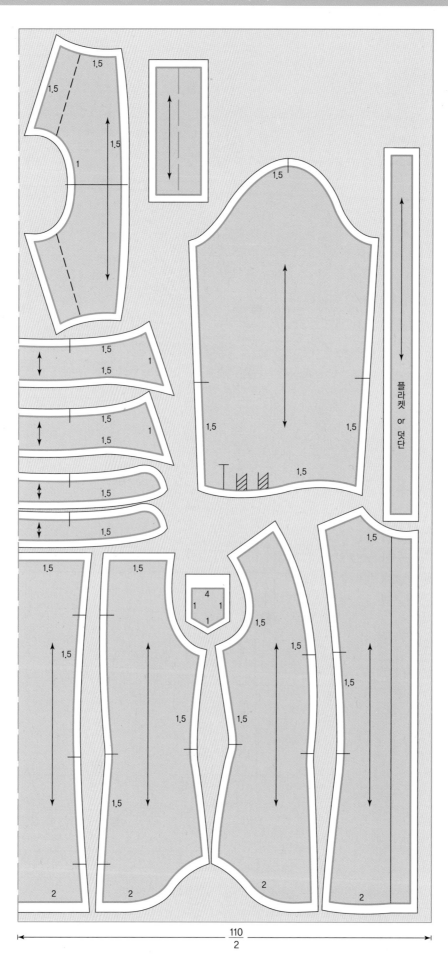

디자인은 직물의 패턴을 활용 제작

※ 소재(실크)의 특성상 다트를 제거하고 제작함

완성된 측면의 형태

완성된 뒤판의 형태

완성된 앞판의 형태

밴드 칼라 프릴 블라우스
BAND COLLAR FRILL
BLOUSE

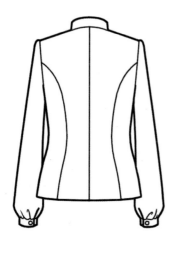

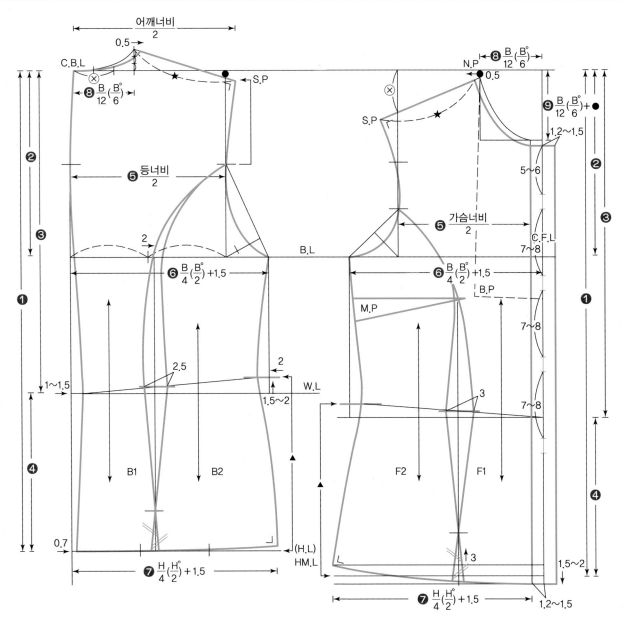

적용치수		제도설계 순서	
		뒤판(Back)	앞판(Front)
가슴둘레	84		
엉덩이둘레	92	❶ 블라우스 길이(56)	❶ 블라우스 길이+차이치수(60)
블라우스 길이	53	❷ 진동깊이 $\frac{B}{4}\left(\frac{B^\circ}{2}\right)$	❷ 진동깊이 $\frac{B}{4}\left(\frac{B^\circ}{2}\right)$
등길이	38	❸ 등길이(38)	❸ 앞길이(등길이+차이치수) (41)
어깨너비	37	❹ 엉덩이길이(H.L)	❹ 엉덩이길이(H.L)
등너비	34	W.L에서 18~20cm 아래로 내려줌	W.L에서 18~20cm 아래로 내려줌
가슴너비	32	❺ $\frac{\text{등너비}}{2}$	❺ $\frac{\text{가슴너비}}{2}$
유두너비	18	❻ $\frac{B}{4}\left(\frac{B^\circ}{2}\right)+1.5$	❻ $\frac{B}{4}\left(\frac{B^\circ}{2}\right)+1.5$
유두길이	24	❼ $\frac{H}{4}\left(\frac{H^\circ}{2}\right)+1.5$	❼ $\frac{H}{4}\left(\frac{H^\circ}{2}\right)+1.5$
앞길이	40.5	❽ 목둘레 $\frac{B}{12}\left(\frac{B^\circ}{6}\right)$	❽ 목둘레 $\frac{B}{12}\left(\frac{B^\circ}{6}\right)$ −가로
		❾ $\frac{B}{12}\left(\frac{B^\circ}{6}\right)$ 의 $\frac{1}{3}$ 양	❾ 목둘레 $\frac{B}{12}\left(\frac{B^\circ}{6}\right)$ + ● −세로

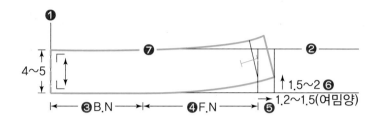

■ 필요측정치수

B.N : 9

F.N : 11.5

여밈양 : 1.2~1.5

■ 제도설계 순서

❶ 직각 그리기	❹ F.N 치수 적용	❻ 1.5~2 위로 올리기
❷ 칼라 너비 적용	❺ 여밈양 적용	❼ 칼라 실선 그리기
❸ B.N 치수 적용		

■ SECTION 03 │ 프릴 칼라 제도설계

프릴(Frill)은 디자인에 따라 프릴너비와 길이를 설정 절개법을 이용하여 프릴양을 3~5cm의 너비로 벌려 그려 준다. 이때 프릴너비와 프릴분량은 디자인에 따라 증감할 수 있다.

■ 절개법을 이용한 칼라 전개도

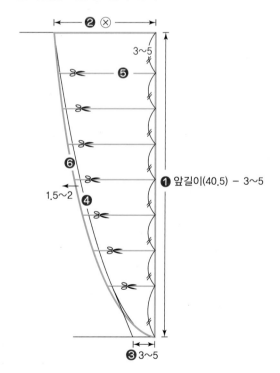

Tip 프릴 칼라 위치와 길이 설정은 앞길이 점에서 올린 점 (디자인에 따라 다양한 변화 가능)

■ 적용치수

칼라 너비(프릴)

칼라 길이(프릴)

■ 제도설계 순서

❶ 직각 그리기(길이 적용)	❹ 칼라 외곽선 그리기
❷ 칼라 너비 적용	❺ 3~5cm 간격으로 절개
❸ 아래 칼라 너비 설정	❻ 기준선 $\frac{1}{2}$ 지점에서 1.5~2cm 나간 지점을 지나는 곡선

■ **적용치수(추정식)**

F.A.H : 22.5
B.A.H : 23.5
소매길이 : 57
소매단둘레 : 20
커프스너비 : 2~3

■ **제도설계 순서**

❶ 소매길이

❷ 소매산 : $\dfrac{\text{A.H(F.A.H+B.A.H)}}{3}$

❸ 팔꿈치선 : $\dfrac{\text{소매길이}}{2}$ +3~4

❹ F.A.H : 22−0.5

❺ 소매 중심선(S.C.L)

❻ B.A.H : 23−0.5

❼ 소매 옆선 긋기

❽ 밑단 정리

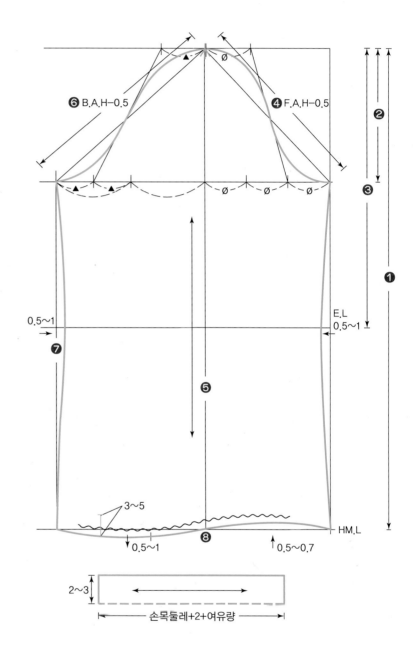

수티앵 칼라
블라우스

SOUTIEN COLLAR UNDER
BLOUSE

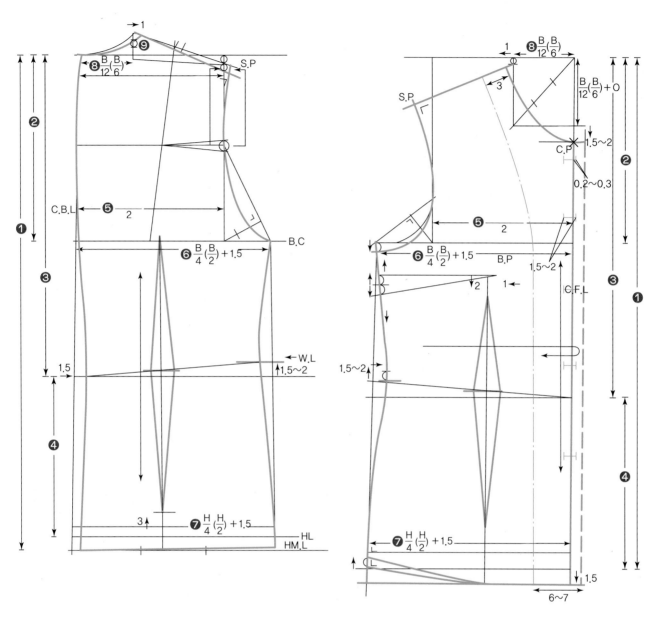

적용치수		제도설계 순서	
		뒤판(Back)	앞판(Front)
가슴둘레	84	❶ 블라우스 길이(56)	❶ 블라우스 길이+차이치수(60)
엉덩이둘레	92	❷ 신동깊이 $\frac{D}{4}\left(\frac{B°}{2}\right)$	❷ 진동깊이 $\frac{B}{4}\left(\frac{B°}{2}\right)$
블라우스 길이	53	❸ 등길이(38)	❸ 앞길이(등길이+차이치수) (41)
등길이	38	❹ 엉덩이길이(H.L)	❹ 엉덩이길이(H.L)
어깨너비	37	W.L에서 18~20cm 아래로 내려줌	W.L에서 18~20cm 아래로 내려줌
등너비	34		
가슴너비	32	❺ $\frac{등너비}{2}$	❺ $\frac{가슴너비}{2}$
유두너비	18	❻ $\frac{B}{4}\left(\frac{B°}{2}\right)+1.5$	❻ $\frac{B}{4}\left(\frac{B°}{2}\right)+1.5$
유두길이	24	❼ $\frac{H}{4}\left(\frac{H°}{2}\right)+1.5$	❼ $\frac{H}{4}\left(\frac{H°}{2}\right)+1.5$
앞길이	40.5	❽ 목둘레 $\frac{B}{12}\left(\frac{B°}{6}\right)$	❽ 목둘레 $\frac{B}{12}\left(\frac{B°}{6}\right)$ −가로
		❾ $\frac{B}{12}\left(\frac{B°}{6}\right)$ 의 $\frac{1}{3}$ 양	❾ 목둘레 $\frac{B}{12}\left(\frac{B°}{6}\right)$ + ● −세로

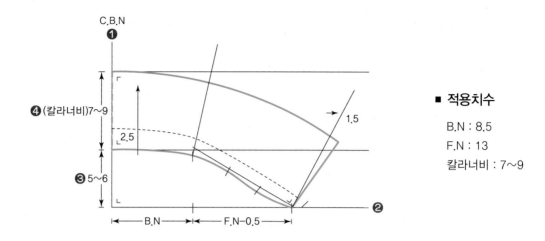

■ 적용치수

B.N : 8.5
F.N : 13
칼라너비 : 7~9

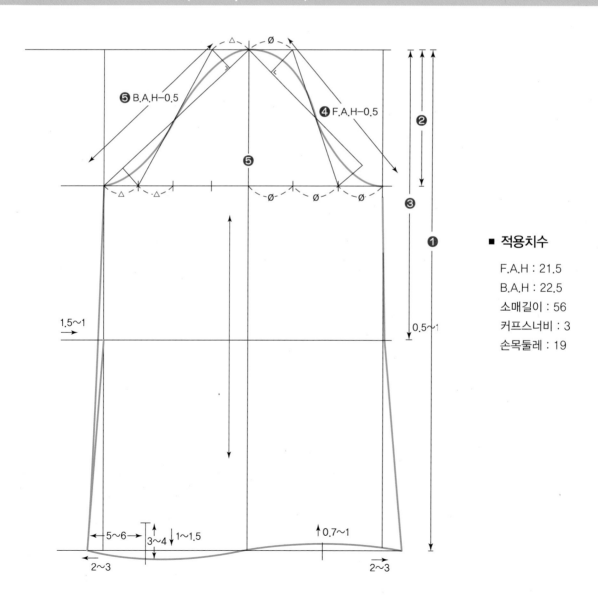

■ 적용치수

F.A.H : 21.5
B.A.H : 22.5
소매길이 : 56
커프스너비 : 3
손목둘레 : 19

재단되어 지급된 옷감의 시접을 적절하게 재정리한다.

■ 심지작업 및 테이프작업
  심지작업(몸판안단, 안칼라, 커프스안쪽)
  테이프작업(앞암홀, 뒤암홀, 앞어깨, 목선)

(1) 칼라 제작

심지작업된 안칼라와 겉칼라를 겉과 겉끼리 마주놓고 박음한다.(겉칼라 0.2cm 작업)

(2) 소매 제작

① 소매산에 이즈를 잡기 위한 잔홈질 or 큰땀 박음한다.
② 소매 밑단에 바이어스 트임하고 옆선을 박는다.(시접정리, 통솔 or 가름솔)
③ 소매 밑단에 셔링박음 후 셔링을 잡는다.
④ 셔링이 잡힌 소매 밑단에 커프스를 연결한다.

(3) 앞판 제작

① 앞판 허리다트를 박은 후 중심쪽으로 모아 다린다.
② 앞중심 안단을 밑단과 칼라 달림위치까지 박은 후 형태를 잡는다.

(4) 뒤판 제작

뒤중심선과 허리선 다트를 박고 중심쪽으로 모아 다린다.

(5) 앞판과 뒤판 연결

앞판과 뒤판 어깨선과 옆선을 박은 후 시접을 정리한다.(통솔 or 가름솔)

(6) 몸판과 소매, 칼라 연결

① 만들어진 몸판과 칼라를 연결한 후 목선을 안단 or 바이어스로 시접정리 한다.
② 만들어진 몸판 어깨점과 소매 중심점을 맞추어 박은 후 시접정리한다.(바이어스 or 오버록)

(7) 마무리 작업

① 단추구멍위치에 단추구멍을 제작한다.
② 실밥과 오물을 정리 후 다림질로 형태를 만든다.
③ 단추위치에 단추를 단다.

INDUSTRIAL ENGINEER FASHION DESIGN

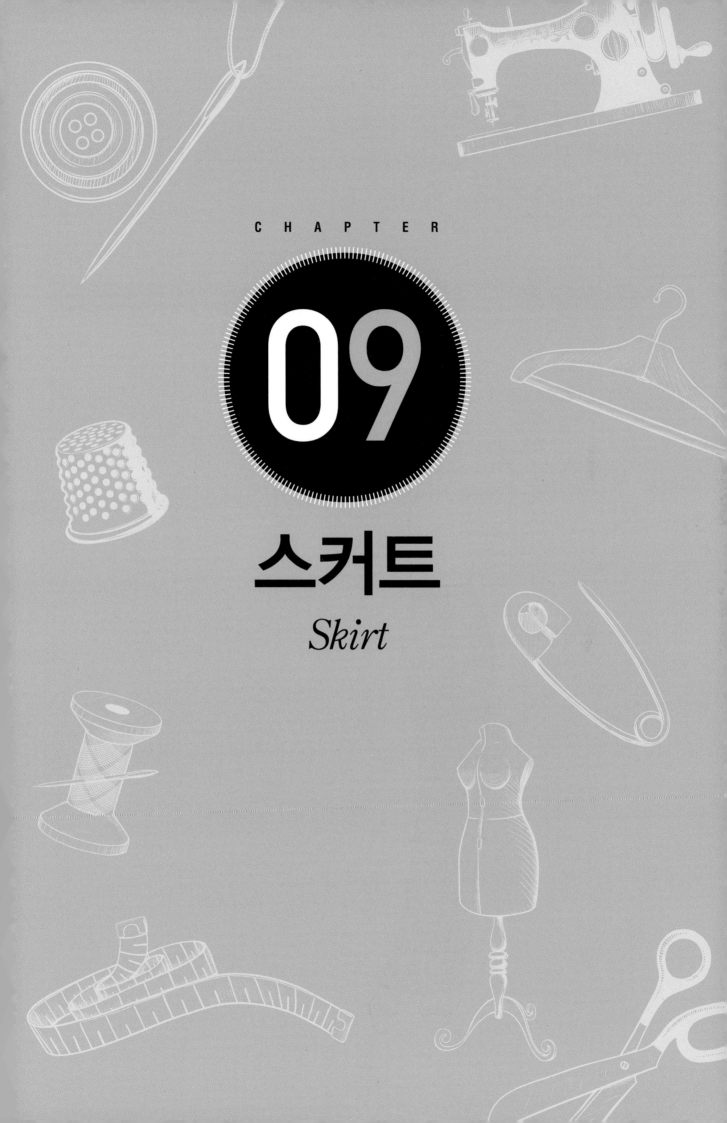

CHAPTER

09

스커트

Skirt

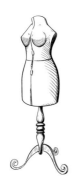

09 CHAPTER

스커트(Skirt)

① **마이크로 미니스커트** : 속옷만 가릴 정도의 짧은 길이의 스커트를 말한다.

② **미니스커트** : 1960년대 유행했던 무릎 위로 30~40cm 올라간 짧은 길이의 스커트다.

③ **무릎길이 스커트** : 무릎에서 약 5cm 정도 내려오는 스커트로서 샤넬라인 또는 스트리트렝스 스커트라고 부른다.

④ **미디 스커트** : 샤넬라인과 맥시라인의 중간 길이로 1960년대 후반에서 1970년대에 유행하였다.

⑤ **맥시 스커트** : 발목까지 오는 길이로서 그래니 또는 포멀 스커트라고도 한다.

⑥ **롱 스커트** : 발뒤꿈치까지 내려오는 긴 스커트로서 때로는 맥시 스커트와 혼용하여 포멀 스커트라고도 부른다.

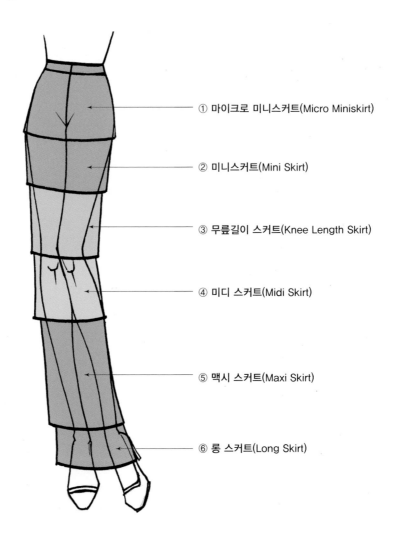

① 마이크로 미니스커트(Micro Miniskirt)

② 미니스커트(Mini Skirt)

③ 무릎길이 스커트(Knee Length Skirt)

④ 미디 스커트(Midi Skirt)

⑤ 맥시 스커트(Maxi Skirt)

⑥ 롱 스커트(Long Skirt)

❶ 허리둘레(Waist Circumference)

훅이나 단추를 여밈상태에서 허리밴드의 안쪽 둘레를 잰다.

❷ 엉덩이길이(Hip Length)

허리 벨트를 포함해서 H.L까지 점을 잰다.

❸ 엉덩이둘레(Hip Circumference)

허리밴드를 포함하여 엉덩이길이만큼 내려온 지점(18~20cm)에서 최대치의 수평둘레를 잰다.

❹ 벨트너비(Belt Width)

디자인에 따라 허리밴드 폭(너비)을 잰다.

❺ 스커트길이(Skirt Length)

디자인에 따라 허리밴드 폭을 포함하여 측정하나 밴드(Bend) 너비를 별도로 측정하기도 한다.

❻ 밑단너비(Hem Width)

스커트의 밑단을 수평으로 잰다.

❼ 다트길이(Dart Length)

허리밴드를 뺀 다트를 앞, 뒤, 다트끝점까지 잰다.

❽ 뒤트임길이(Slit Length)

밑단에서 트임 시작점까지 잰다.

❾ 지퍼길이(Zipper Length)

허리에서 지퍼트임길이까지 잰다.

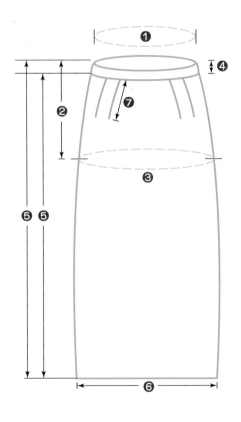
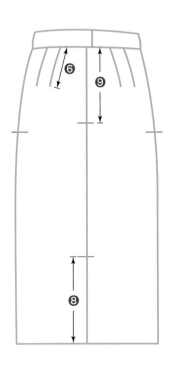

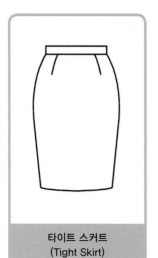

타이트 스커트 (Tight Skirt)

힙에 여유가 적으면서 밑단을 향해 직선 또는 밑단에서 약간 좁아지는 실루엣으로, 활동성이 떨어지는 스커트다.

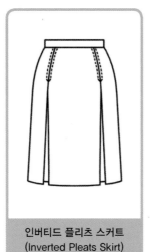

인버티드 플리츠 스커트 (Inverted Pleats Skirt)

주름선을 서로 맞붙인 듯한 플리츠가 들어간 스커트로 활동성이 높은 편이다.

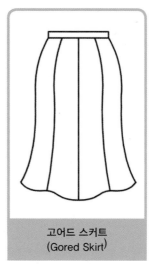

고어드 스커트 (Gored Skirt)

몇 장의 삼각형으로 절개, 구성되었으며 장수에 따라 변화를 다양하게 줄 수 있다.

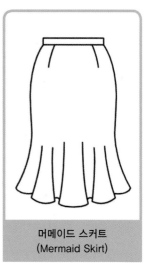

머메이드 스커트 (Mermaid Skirt)

고어드 스커트의 일종으로, 힙라인 부근이 몸에 꼭 맞게 되었으며, 밑단 부분은 꼬리와 지느러미처럼 벌어지는 스커트이다.

세미타이트 스커트 (Semi-Tight Skirt)

타이트 스커트와 같이 스커트의 기본이 되는 형태로서 허리선에서 힙선까지는 몸에 맞게 하면서 밑단 부근은 보행에 불편함이 없을 정도의 여유를 두고 제작된 형태이다.

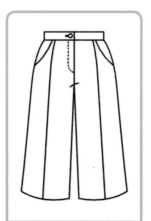

퀼로트 스커트 (Culotte Skirt)

프랑스어로 반바지를 뜻하며 디바이디드 스커트라고도 한다. 여성의 승마용 스커트로 고안되었으나 최근에는 스포츠웨어에서 외출복까지 광범위하게 착용되고 있다.

티어드 스커트 (Tiered Skirt)

몇 층이 되게 절개하여 개더를 잡은 스커트이며 밑단 쪽으로 갈수록 분량이 많아지면서 폭이 넓은 실루엣이 된다.

개더 스커트 (Gathered Skirt)

플레어 스커트에 개더를 넣어준 스커트이다.

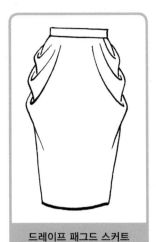

드레이프 패그드 스커트
(Drape Pegged Skirt)

허리에서 턱을 잡고 힙 부근에서
드랩을 주어 볼륨감을 준 실루엣
의 스커트이다.

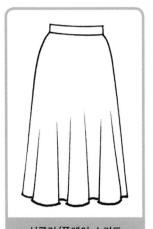

서큘러/플레어 스커트
(Circular/Flare Skirt)

허리만 피트시킨 형태로서 움직
임이 자유로운 실루엣의 스커트
이다.

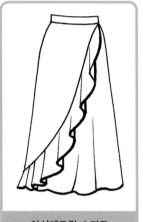

어시메트릭 스커트
(Asyummetric Skirt)

허리선만 피트시킨 실루엣이며 프
릴을 달아 러블리한 스커트이다.

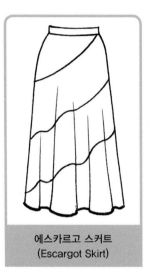

에스카르고 스커트
(Escargot Skirt)

달팽이 껍데기처럼 사선으로 절개
하고 전체적으로 플레어를 넣어 활
동성이 높고 착용감이 편안한 스커
트이다.

랩 어라운드 스커트
(Wrap Around Skirt)

한 폭으로 제작되어 휘감아 입을
수 있게 만들어진 스커트이며, 랩
오버 스커트라고도 한다.

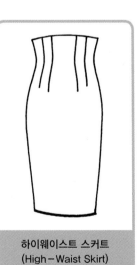

하이웨이스트 스커트
(High-Waist Skirt)

웨이스트라인이 기존 허리선보다
높게 제작된 스커트이다.

로우웨이스트 스커트
(Low-Waist Skirt)

허리선의 골반 뼈에 걸쳐 입는 스
커트로 힙행거 스커트라고도 한다.

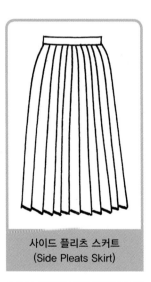

사이드 플리츠 스커트
(Side Pleats Skirt)

스커트 전체에 한쪽 방향으로 플
리츠를 넣은 스커트이다.

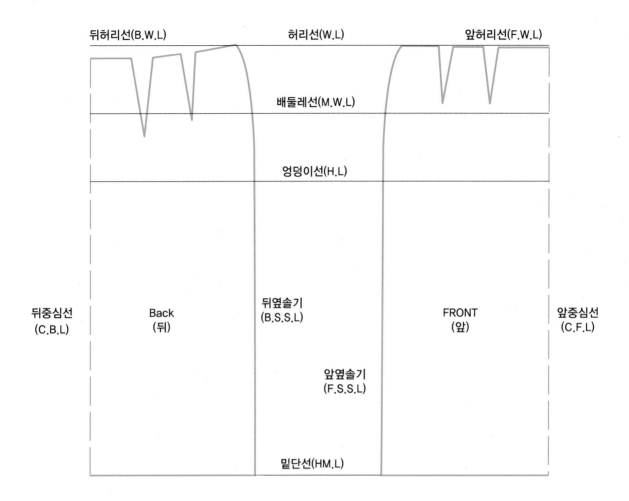

■ 스커트 원형제도에 필요한 약자

부위	약자	영문명
허리둘레	W	Waist Circumference
엉덩이둘레	H	Hip Circumference
허리선	W.L	Waist Line
배둘레	M.H	Middle Hip Circumference
배둘레선	M.H.L	Middle Hip Line
엉덩이선	H.L	Hip Line
밑단선	HM.L	Hem Line
뒷중심선	C.B.L	Center Back Line
앞중심선	C.F.L	Center Front Line
앞옆솔기선	F.S.S.L	Front Side Seam Line
뒤옆솔기선	B.S.S.L	Back Side Seam Line
엉덩이길이	H.L	Hip Length

(1) 타이트 스커트(Tight Skirt) 제도설계

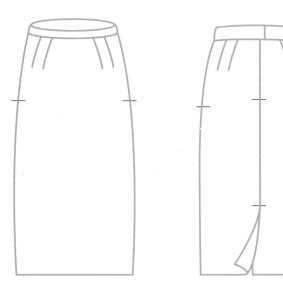

■ **스커트 제도설계 시 필요한 치수(측정산출법)**

부위	약자	치수
허리둘레	W	68cm
엉덩이둘레	H	92cm
엉덩이길이	H.L	18~20cm
벨트너비	B.W	3cm
스커트길이	S.L	60cm

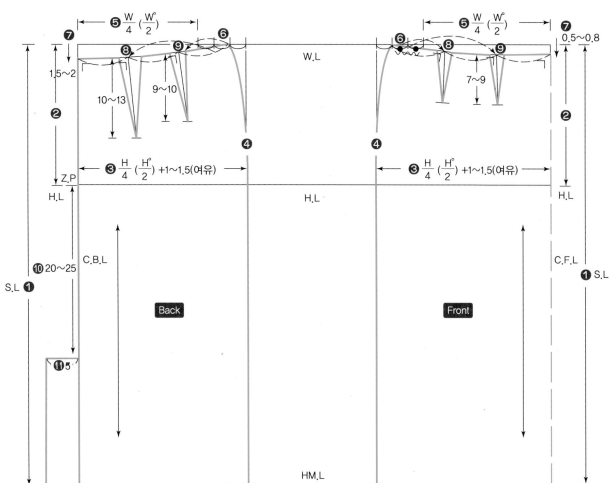

패턴의 여유량 : 패턴이 몸에 꼭 맞게 혹은 여유 있게 설계되었는지에 따라 태가 다르며 디자인, 유행, 계절, 소재, 착용자의 개성에 따라 여유량은 증감할 수 있다.

(2) 세미타이트 스커트(Semi-Tight Skirt) 제도설계

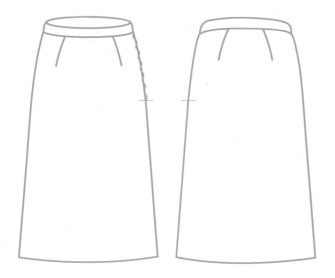

■ 스커트 제도설계 시 필요한 치수(측정산출법)

부위	약자	치수
허리둘레	W	68cm
엉덩이둘레	H	92cm
엉덩이길이	H.L	18~20cm
벨트너비	B.W	3cm
스커트길이	S.L	60cm

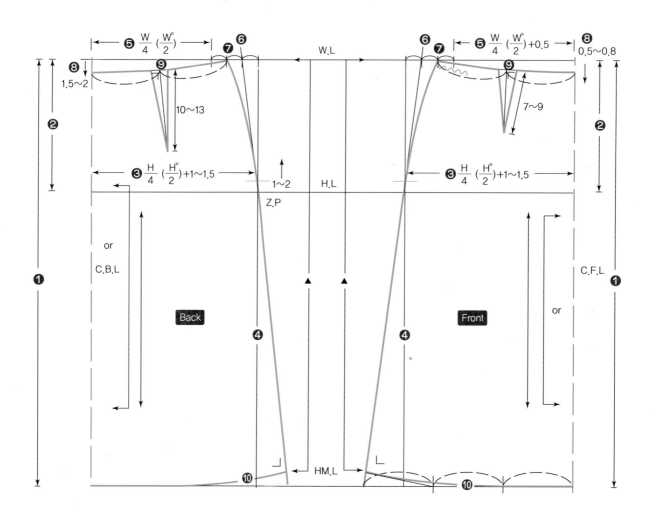

(3) 디바이디드 스커트(Divided Skirt) 제도설계

디바이디드(Divided)란 '나누어졌다'는 뜻이며 슬랙스와 같이 다리를 각각 감싸주는 스커트를 말한다. 또한 큐롯스커트(Culotte Skite)라고도 한다. 1910년경 승마용으로 처음 제작되어 최근에는 기능복, 평상복으로도 많이 애용되고 있다.

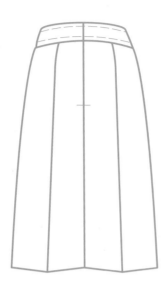

■ 스커트 제도설계 시 필요한 치수(측정산출법)

부위	약자	치수
허리둘레	W	66cm
엉덩이둘레	H	92cm
엉덩이길이	H.L	18~20cm
스커트길이	S.L	60cm

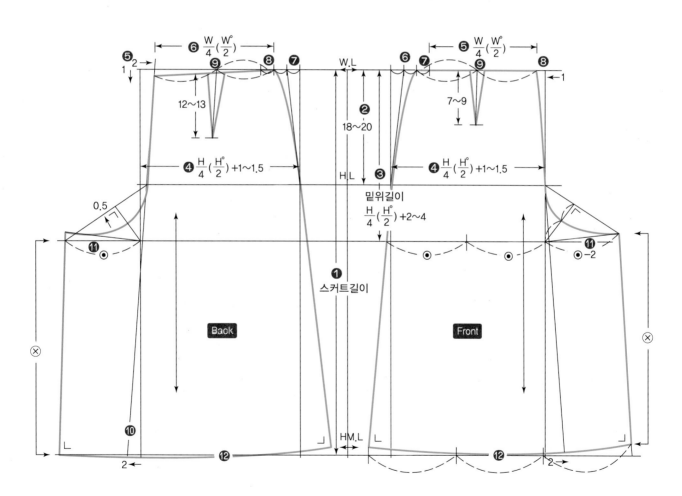

(4) 8쪽 고어드 스커트(Gored Skirt) 제도설계

■ 스커트 제도설계 시 필요한 치수(측정산출법)

부위	약자	치수
허리둘레	W	66cm
엉덩이둘레	H	92cm
엉덩이길이	H.L	18~20cm
스커트길이	S.L	60cm

■ 제도설계 시 산출식

① W.L의 계산식 : 분모를 쪽수로 놓고 분
   자에 허리치수를 적용한다.

예 $\dfrac{W}{쪽수} \Rightarrow \dfrac{W}{8}$

② H.L의 계산식 : 분모를 쪽수로 놓고 분
   자에 엉덩이둘레 치수를 적용한다.

예 $\dfrac{H}{쪽수} \Rightarrow \dfrac{H}{8}$

Tip HM.L의 플레어 분량은 실루엣에 따라
   증감할 수 있다.

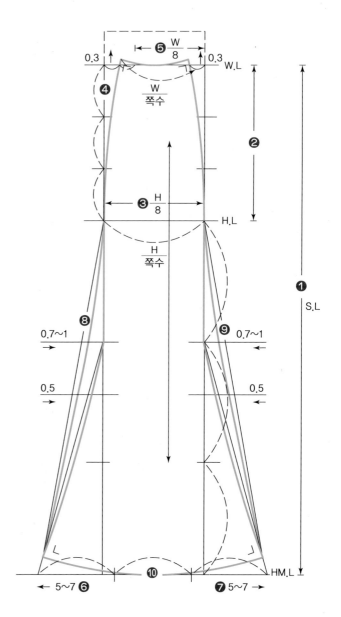

(5) 플레어 스커트(Flare Skirt) 제도설계

플레어 스커트는 자체 제도설계 방법을 사용하여 설계할 수 있으나, 본서에서는 타이트 또는 세미타이트 제도방법을 이용하여 설계할 수 있는 방법을 제시한다.

플레어 분량은 소재, 유행, 디자인 착장자의 요구에 따라서 증감할 수 있다.

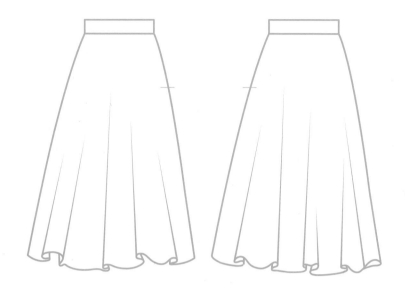

■ **제도설계 순서**

① 타이트 또는 세미 타이트 스커트를 제도설계한다.

② 허리선 다트양의 적고 많음, 길고 짧음으로 플레어양을 조절한다.

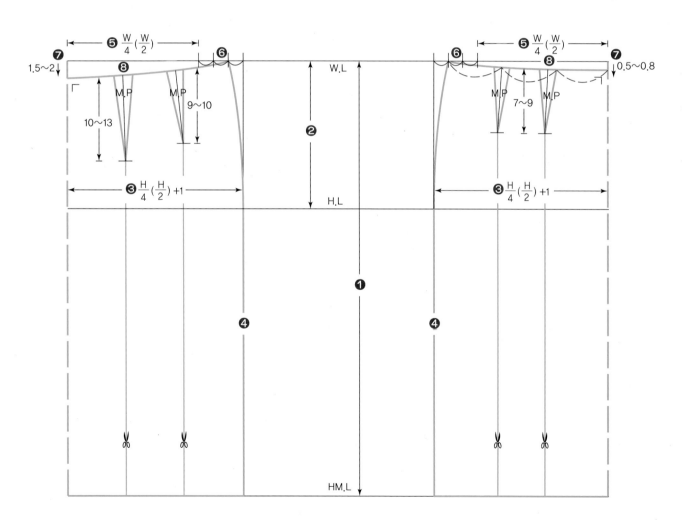

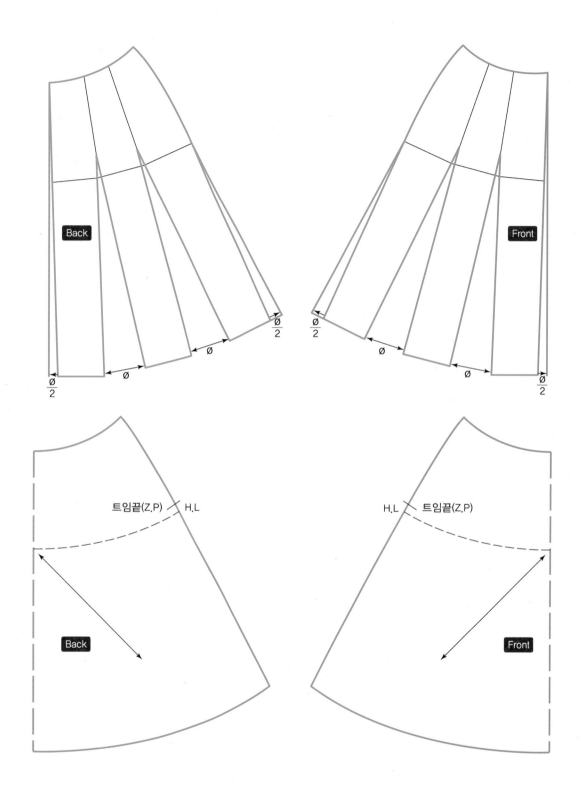

(6) 드레이프드 스커트(Draped Skirt) 제도설계

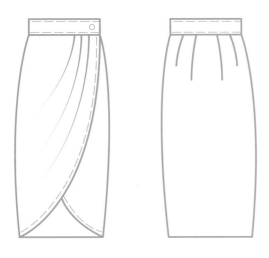

■ **제도설계 순서**

① 제도설계된 타이트 스커트에 드레이프 위치를 정한다(이때 앞판 스커트는 전면(펼쳐진)을 이용).

② 왼쪽 다트양은 분산이동 드레이프 위치로 옮긴 후 제거한다.

③ 오른쪽 다트는 M.P(접음)시켜 드레이프양으로 전환한다.

■ **설계된 타이트 스커트 응용**

스커트 앞 허리 왼쪽에 드레이프를 넣음으로써 타이트 스커트의 경직된 이미지를 한층 더 부드럽고 여성스럽게 변화시킬 수 있다.

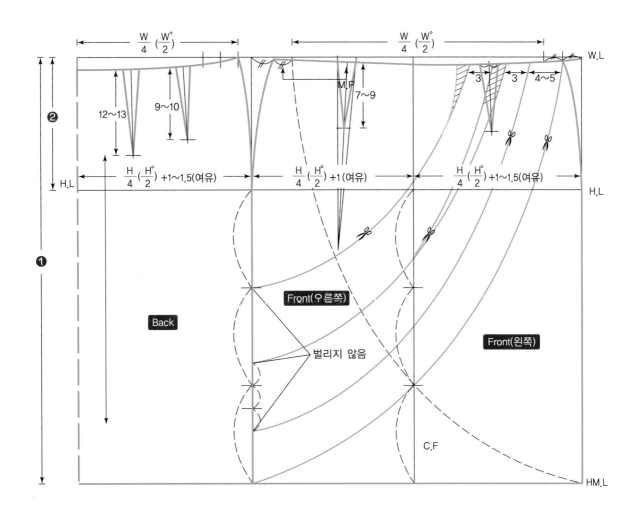

■ 드레이프드 스커트(Draped Skirt) 전개도

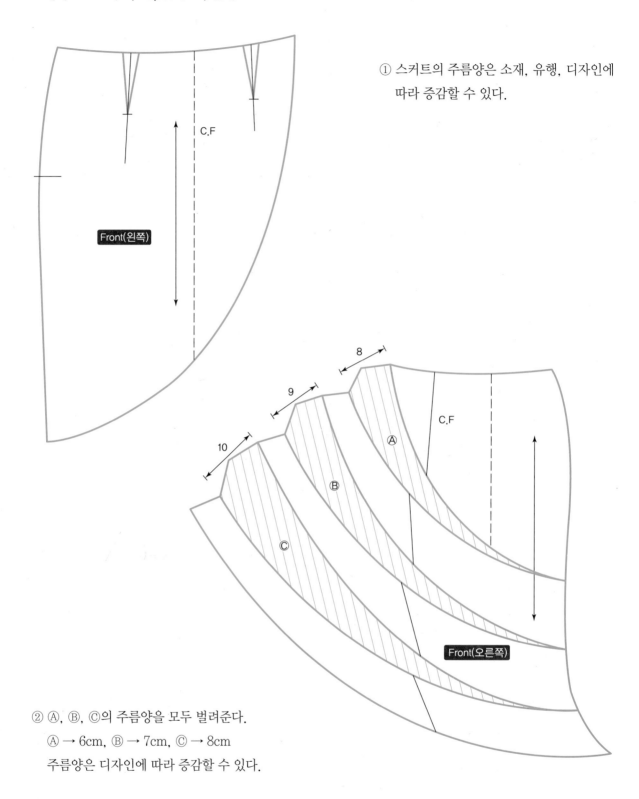

C.F

Front(왼쪽)

① 스커트의 주름양은 소재, 유행, 디자인에
  따라 증감할 수 있다.

8

9

10

Ⓐ

C.F

Ⓑ

Ⓒ

Front(오른쪽)

② Ⓐ, Ⓑ, Ⓒ의 주름양을 모두 벌려준다.
  Ⓐ → 6cm, Ⓑ → 7cm, Ⓒ → 8cm
  주름양은 디자인에 따라 증감할 수 있다.

하이웨이스트
버튼다운
스커트

HIGH-WAIST BOTTON-DOWN
SKIRT

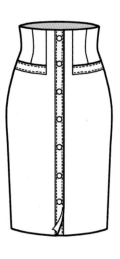

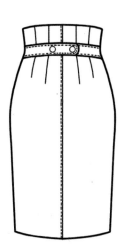

■ 제도설계 순서

① 타이트 스커트를 먼저 제도설계한다.

② 앞판, 뒤판, 옆선의 HM.L에서 1~1.5cm를 안으로 선을 그어 페그톱 실루엣으로 정한다.

③ 설계된 스커트에 앞·뒷중심선, 다트선 그리고 옆선을 각각 5~6cm 정도 수직으로 올려 그린다.
   다트선과 옆선에 각각 0.2cm씩 여유를 둔다.

④ 앞중심선의 여밈양과 플라켓 분량을 설정한다.

⑤ 앞판의 포켓과 뒤판 W.L 위치에 탭(Tab) 위치를 설정한다.(Tab은 다트양을 포함하여 사용)

⑥ 디자인에 적합한 단추 위치를 설정한다.

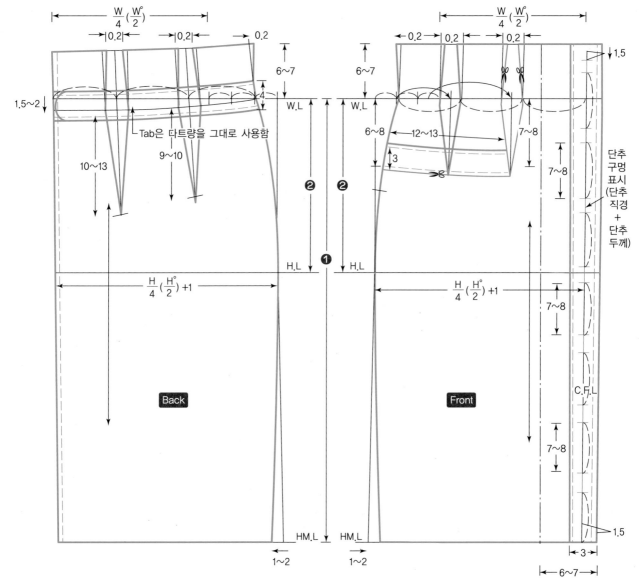

■ 적용치수(측정산출)

부위	약자	치수	부위	약자	치수
허리둘레	W	68cm	엉덩이 길이	H.L	18~20cm
엉덩이둘레	H	92cm	스커트 길이	S.K.L	60cm

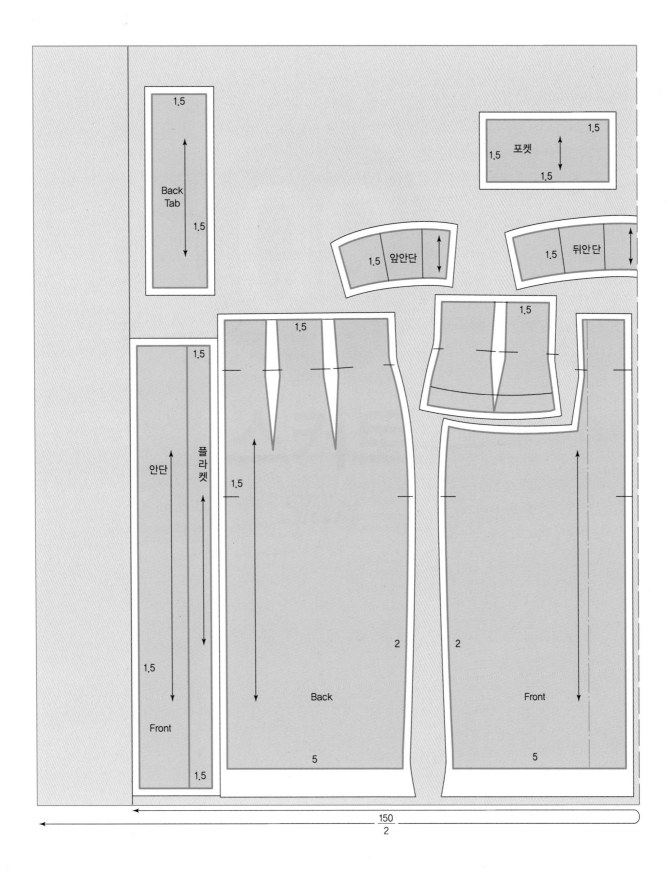

가봉시침 : 재단된 옷감의 겉에서 완성선대로 시접을 접은 후 완성선에 맞추어 시접 위에 올려놓고 상침(누름) 시침한다.

(1) 스커트 앞판 제작

① 포켓 윗부분의 다트를 시접을 중심 쪽으로 접은 후 상침으로 시침한다.
② 시침된 부위의 시접을 완성선대로 접어서 스커트 몸판 시접 위에 올려놓고 상침 시침한다.
③ 플라켓 시접을 접은 후 스커트 몸판 위에 올려놓고 상침 시침한다.

(2) 스커트 뒤판 제작

① 뒤중심선의 왼쪽 시접을 접어서 완성선에 맞추어 오른쪽 시접 위에 올려놓고 상침 시침한다.
② 허리선 다트 시접이 중심 쪽으로 향하게 하여 오른쪽과 왼쪽 모두 겉면에서 상침으로 시침한다.

(3) 스커트 앞판과 뒤판 연결

① 앞판의 옆선 시접을 접어서 뒤판의 옆선 시접의 완성선에 맞추어 올려놓고 상침으로 시침한다.
② 스커트 밑단의 시접을 완성선대로 접어올린 후 걷어서 상침으로 시침한다.

(4) 단춧구멍 및 단추 달기

① 단춧구멍 위치에 시침실로 제시된 치수에 적합하게 스커트의 플라켓 중앙에 세워진 단춧구멍으로 표시한다.
② 단추는 착용했을 때 오른쪽에 표시된 단춧구멍 위에 올려놓고 십자로 고정시킨다.(단추는 시접 없이 제시된 크기로 재단)
③ 뒤판의 텝을 완성선대로 재단하여 디자인과 동일하게 옆선에 고정하고 중심을 포갠 후 단추로 고정 시침한다.

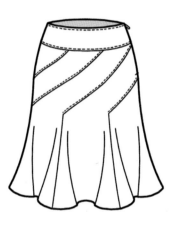

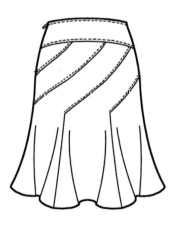

'에스카르고(Escargot)'는 프랑스어로 달팽이를 뜻한다. 달팽이 껍데기처럼 돌돌 말린 모양의 스커트라고 하여
붙여진 이름이며, 스파이럴(Spiral) 스커트 또는 스월(Swirl) 스커트라고도 한다.

(1) 제도설계 방법 1 : 원리에 입각한 제도설계(앞판과 뒤판을 동시에 제도설계)

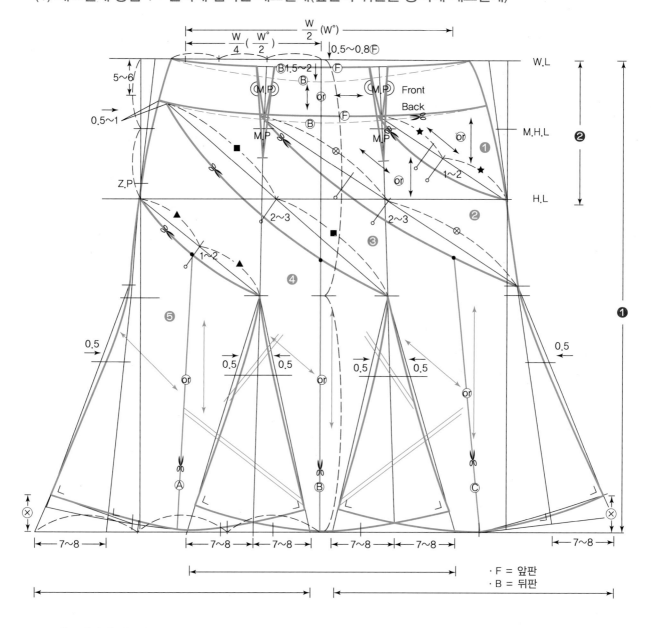

■ 제도설계 순서

① 세미타이트 스커트를 설계한 후, 전면에서 세 쪽 스커트가 되도록 위치를 설정한다.

② 중심선(C.F.L)을 기준하여 전면으로 전개시킨다.

③ 위와 같이 전면으로 펼쳐진 스커트를 셋으로 나누어 달팽이처럼 돌아가는 선을 설정한다.

④ 달팽이 껍데기처럼 설정된 선에 플레어를 넣을 $\frac{1}{2}$ 지점을 설정한다.

⑤ 설정된 선을 기준하여 디자인에 적합하도록 선을 긋는다.

Tip Ⓐ, Ⓑ, Ⓒ선을 절개하여 적당량 벌려줌으로써 플레어 분량을 조절할 수 있다.

(2) 제도설계 방법 2 : 단순 수치 적용법(앞판과 뒤판을 동시에 제도설계)

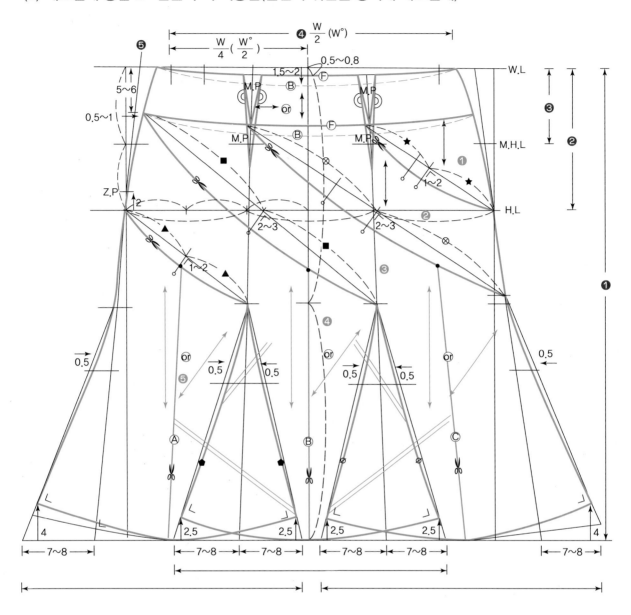

■ 적용치수(측정산출)

부위	약자	치수	부위	약자	치수
허리둘레	W	68cm	엉덩이 길이	H.L	18cm
엉덩이둘레	H	92cm	스커트 길이	S.K.L	62cm

■ 제도설계 순서

① 세미타이트 스커트를 설계한 후, 전면에서 세 쪽 스커트가 되도록 위치를 설정한다.

② 중심선(C.F.L)을 기준하여 전면으로 전개시킨다.

③ 위와 같이 전면으로 펼쳐진 스커트를 셋으로 나누어 달팽이처럼 돌아가는 선을 설정한다.

④ 달팽이 껍데기처럼 설정된 선에 플레어를 넣을 $\frac{1}{2}$ 지점을 설정한다.

⑤ 설정된 선을 기준하여 디자인에 적합하도록 선을 긋는다.

Tip Ⓐ, Ⓑ, Ⓒ선을 절개하여 적당량 벌려줌으로써 플레어 분량을 조절할 수 있다.

(3) 제도설계 방법 3 : 등분법

1) 앞면(Front) 제도설계

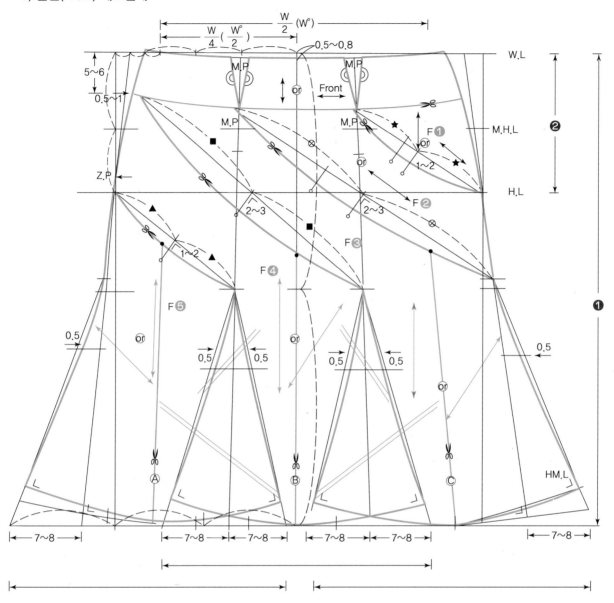

■ 적용치수(측정산출)

부위	약자	치수	부위	약자	치수
허리둘레	W	68cm	엉덩이 길이	H.L	18cm
엉덩이둘레	H	92cm	스커트 길이	S.K.L	62cm

■ 제도설계 순서

① 세미타이트(A-Line)를 설계한 후 앞중심선(C.F.L)을 기준으로 전면을 전개시킨다.

② 앞중심선(C.F.L)에서 길이를 2등분한 후 플레어 작업 위치를 설정한다.

③ 전면으로 펼쳐진 스커트를 삼등분으로 나누어 선으로 표시한다.($\frac{1}{2}$ 지점까지)

④ 설정된 선을 기준으로 디자인에 적합하도록 선을 긋는다.

2) 뒷면(Back) 제도설계

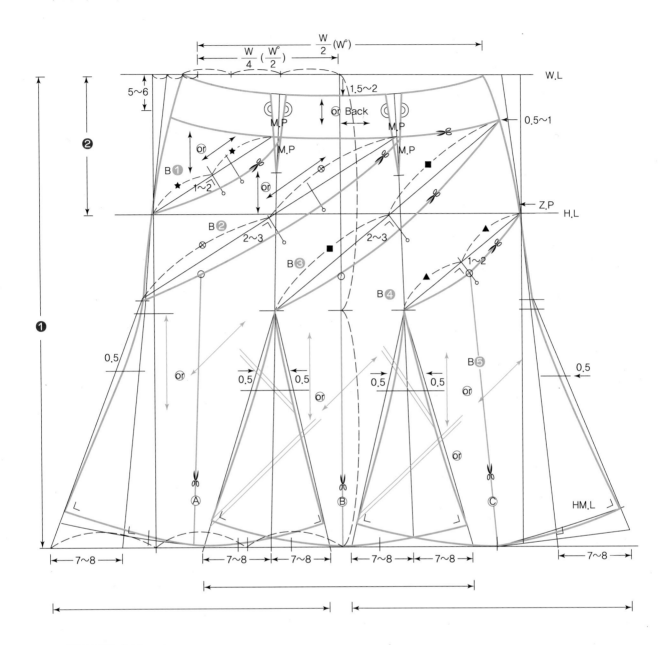

■ 제도설계 순서

① 세미타이트 스커트를 설계한 후 앞중심선(C.F.L)을 기준으로 전면을 전개시킨다.

② 전면으로 펼쳐진 스커트를 삼등분한 뒤 달팽이 껍데기처럼 돌아가는 선을 설정한다.

③ 설정된 선을 기준으로 니사인에 적합하도록 선을 긋는다.

Tip Ⓐ, Ⓑ, Ⓒ선을 절개하여 적당량 벌려줌으로써 플레어 분량을 조절할 수 있다.

F(앞판), B(뒤판)을 동시에 재단하여 허리선의 실선은 앞판, 점선은 뒤판으로 사용한다.

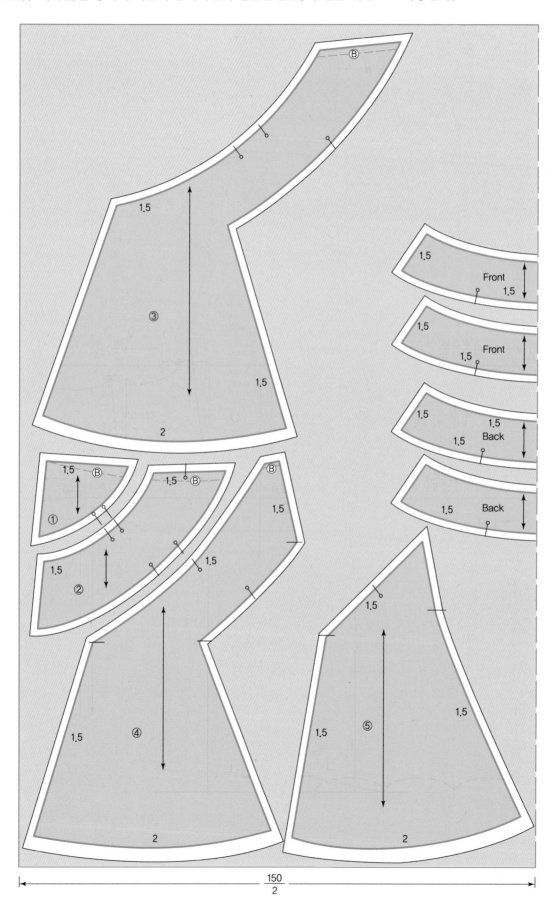

F(앞판), B(뒤판)을 동시에 재단하여 허리선의 실선은 앞판, 점선은 뒤판으로 사용한다.

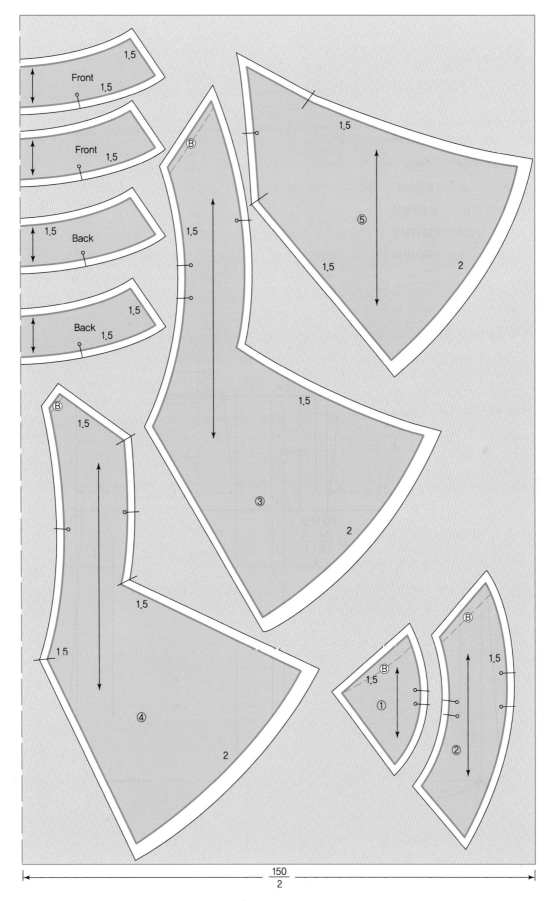

가봉시침 : 재단된 옷감의 겉에서 완성선대로 시접을 접은 후 완성선을 맞추어 시접 위에 올려놓고 상침(누름) 시침을 한다.

(1) 스커트 앞판 제작

① 겉면에서 스커트 1번의 시접을 완성선대로 접어서 2번의 스커트 겉면의 완성선에 맞추어 올려놓고 상침 시침한다.

② 겉면에서 스커트 2번의 시접을 완성선대로 접어서 3번의 스커트 겉면의 완성선에 맞추어 올려놓고 상침 시침한다.

③ 겉면에서 스커트 3번의 시접을 완성선대로 접어서 4번의 스커트 겉면의 완성선에 맞추어 올려놓고 상침 시침한다.

④ 스커트 4번의 시접을 완성선대로 접어서 5번 스커트 겉면의 완성선에 맞추어 올려놓고 상침으로 시침한다.

⑤ 겉면에서 요크밴드의 시접을 완성선대로 접은 후 완성된(시침) 스커트 허리부분의 완성선에 맞추어 올려놓고 상침 시침한다.

(2) 스커트 뒤판 제작

스커트 앞판 제작 순서와 동일하게 시침한다.

(3) 스커트 앞판과 뒤판 연결

① 착용했을 때 왼쪽에 지퍼자리를 남기고 앞판 시접을 접어서 뒤판의 완성선에 맞추어 올려놓고 상침 시침한다.

② 착용했을 때 오른쪽 앞판 시접을 접어 뒤판 시접 위에 완성선을 맞추고 상침 시침한다.

(4) 밑단 정리 및 허리시접 정리

① 허리시접을 완성선대로 접고 상침 시침으로 정리한다.

② 스커트 밑단시접을 완성선대로 접어올린 후 상침으로 시침한다.

완성된 앞판의 형태

완성된 측면(왼쪽)의 형태

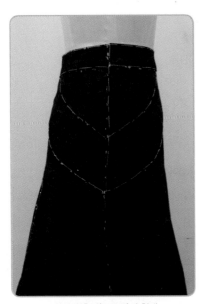

완성된 측면(오른쪽)의 형태

완성된 뒤판의 형태

요크 벨트 플리츠 스커트

YOKE BELT PLEATS
SKIRT

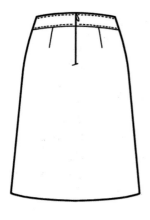

(1) 제도설계 방법 1

① 세미타이트 스커트를 먼저 제도설계한다.

② 요크선을 W.L에서 4cm 정도 아래 위치에 설정한다.

③ H.L에서 3cm 정도 위의 위치에서 플리츠 절개선을 설정한다.

④ 플리츠 절개선과 밑단을 각각 삼등분하여 직선을 연결한다.

⑤ 디자인에 적합한 플리츠선을 설정하고, 각 주름양을 8cm 정도 벌려준다.

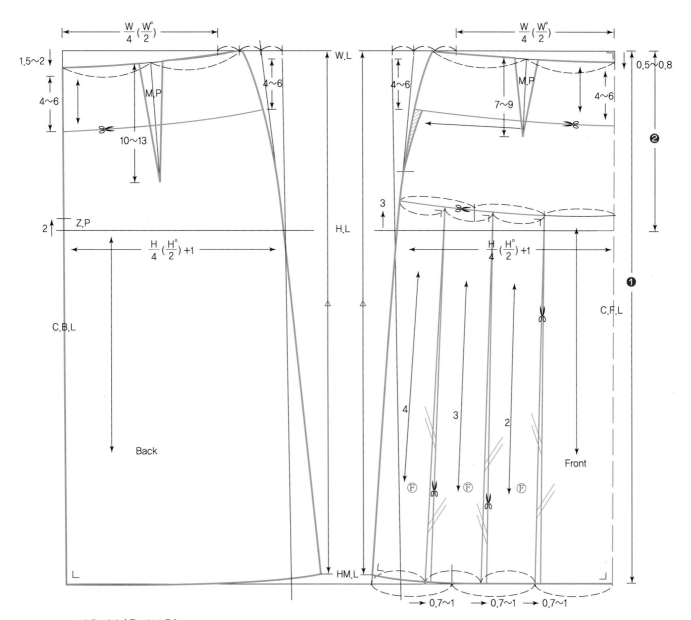

■ 적용치수(측정산출)

부위	약자	치수	부위	약자	치수
허리둘레	W	64cm	엉덩이 길이	H.L	18~20cm
엉덩이둘레	H	92cm	스커트 길이	S.K.L	60cm

(2) 제도설계 방법 2

① 세미타이트 스커트를 먼저 제도설계한다.

② 요크선을 W.L에서 4cm 정도 아래 위치에 설정한다.

③ H.L에서 3cm 정도 위의 위치에서 플리츠 절개선을 설정한다.

④ 플리츠 절개선과 밑단을 각각 삼등분하여 직선을 연결한다.

⑤ 디자인에 적합한 플리츠선을 설정하고, 각 주름양을 8cm 정도 벌려준다.

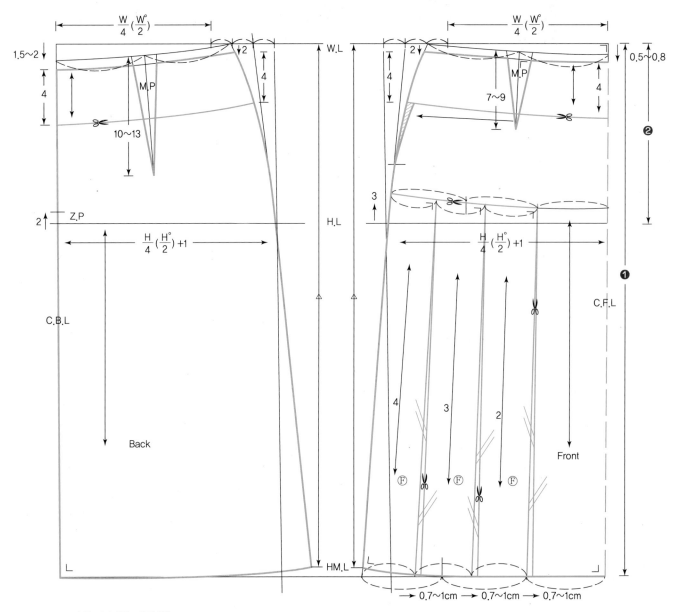

■ 적용치수(측정산출)

부위	약자	치수	부위	약자	치수
허리둘레	W	64cm	엉덩이 길이	H.L	18~20cm
엉덩이둘레	H	92cm	스커트 길이	S.K.L	60cm

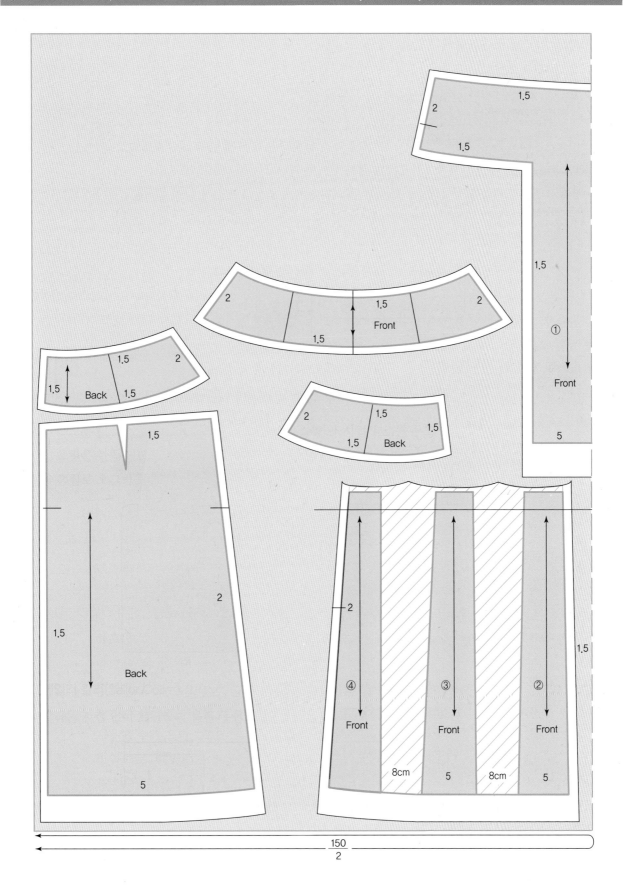

가봉시침 : 재단된 옷감의 겉에서 완성선대로 시접을 접은 후 완성선을 맞추어 시접 위에 올려놓고 상침(누름) 시침을 한다.

(1) 스커트 앞판 제작

① 스커트의 주름 부분을 겉면에서 주름 시접이 중심 쪽으로 향하게 하여 상침 시침을 한다.

② 스커트 중심 폭을 시침된 주름부분의 시접 위에 올려놓고 상침 시침한다.

③ 요크밴드의 시접을 접어서 스커트 몸판 겉면에 완성선을 맞추어 시접 위에 올려놓고 상침으로 시침한다.

(2) 스커트 뒤판 제작

① 스커트 다트시접이 중심 쪽으로 향하게 하여 겉에서 상침 시침한다.

② 요크밴드의 시접을 접어서 스커트 몸판 겉면에 완성선을 맞추어 시접 위에 올려놓고 상침으로 시침한다.

③ 스커트 뒤판 중심선을 왼쪽 시접을 접어서 오른쪽 시접위에 올려놓고 지퍼자리만 남기고 시침한다.

(3) 스커트 앞판과 뒤판 연결

① 스커트의 앞판 옆선 시접을 완성선대로 접어서 뒤판의 옆선 시접 완성선에 맞추어 올려놓고 상침 시침한다.

② 스커트 밑단 시접을 완성선대로 접어올린 후 상침으로 시침한다.

완성된 요크 벨트 플리츠 스커트

완성된 앞판의 형태

완성된 측면의 형태(중심폭에 주름을 넣은 상태)

완성된 뒤판의 형태

요크 벨트 패널
스커트
YOKE BELT PANEL SKIRT

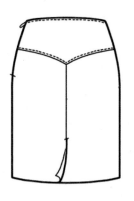

(1) 제도설계 방법 1

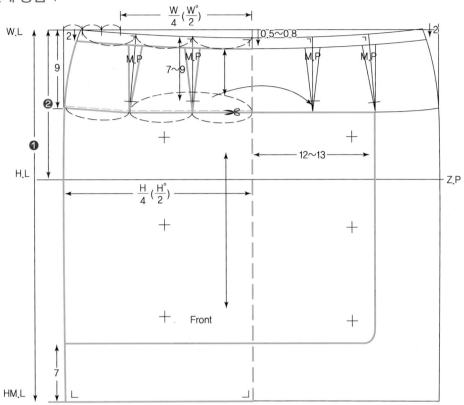

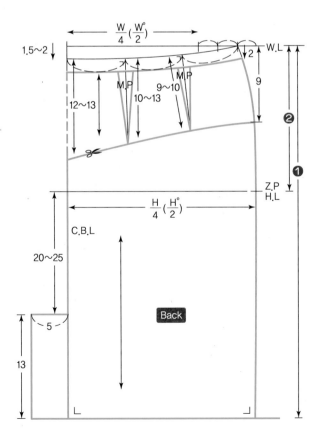

■ 적용치수(측정산출)

부위	약자	치수
허리둘레	W	72cm
엉덩이둘레	H	92cm
엉덩이길이	H.L	18cm
스커트길이	S.L	55cm

■ 제도설계 순서

① 타이트 스커트를 제도설계한다.

② 제도설계된 타이트 스커트를 전면으로 펼친다. (Front)

③ 펼쳐진 스커트에서 패널을 그린다.

④ 요크선은 다트끝선을 지나도록 선을 긋는다.

⑤ 패널의 위치는 요크선의 옆선으로 삼등분의 2만큼 한다. 패널 길이는 밑단에서 7cm 정도 올라간 지점 으로 한다.

(2) 제도설계 방법 2

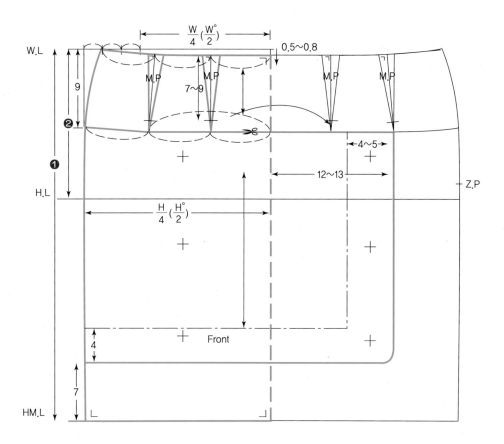

■ **적용치수(측정산출)**

부위	약자	치수
허리둘레	W	72cm
엉덩이둘레	H	92cm
엉덩이길이	H.L	18cm
스커트길이	S.L	55cm

■ **제도설계 순서**

① 타이트 스커트를 제도설계한다.

② 제도설계된 타이트 스커트를 전면으로 펼친다.
   (Front)

③ 펼쳐진 스커트에서 패널을 그린다.

④ 요크선은 다트끝선을 지나도록 선을 긋는다.

⑤ 패널의 위치는 요크선의 옆선으로 삼등분의 2만
   큼 한다. 패널 길이는 밑단에서 7cm 정도 올라
   간 지점으로 한다.

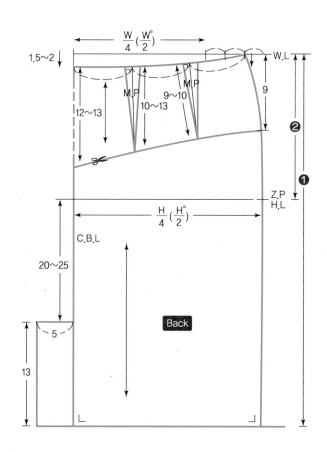

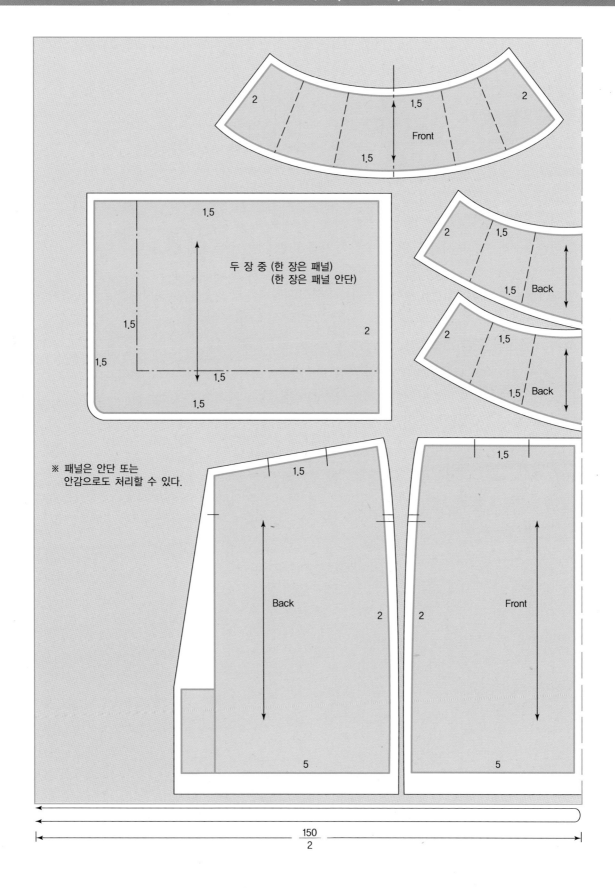

2

1.5

Front

1.5

2

1.5

두 장 중 (한 장은 패널)
(한 장은 패널 안단)

1.5

1.5

2

1.5

2

1.5

Back

1.5

2

1.5

Back

1.5

※ 패널은 안단 또는
안감으로도 처리할 수 있다.

1.5

Back

2

2

1.5

Front

5

5

$\dfrac{150}{2}$

가봉시침 : 재단된 옷감의 겉에서 완성선대로 시접을 접은 후 완성선을 맞추어 시접 위에 올려놓고 상침(누름) 시침을 한다.

(1) 스커트 앞판 제작

① 패널을 시접 없이 재단하여 스커트 앞판 겉면에 올려놓고 상침으로 시침한다.
② 요크밴드의 겉면에서 완성선대로 시접을 접은 후 스커트 몸판 허리에 맞추어 상침으로 시침한다.

(2) 스커트 뒤판 제작

① 뒤판 중심선은 왼쪽 시접을 접어서 오른쪽 시접 완성선에 맞추어 올려놓고 트임 위치 남기고 상침으로 시침한다.
② 허리선 요크 벨트의 시접을 접어서 스커트 몸판의 완성선에 맞추어 올려놓고 상침으로 시침한다.

(3) 스커트 앞판과 뒤판 연결

① 스커트 앞판 왼쪽 시접을 접어서 뒤판 시접 위에 맞추어 올려놓고 지퍼 자리만 남기고 상침으로 시침한다.
② 스커트 앞판 오른쪽 시접을 접어서 뒤판 시접 위에 올려놓고 상침으로 시침한다.
③ 스커트 밑단의 시접을 완성선대로 접어올린 후 겉에서 상침으로 시침한다.

(4) 단추 달기

스커트의 패널에 제시된 단추 치수를 시접 없이 재단하여 단추 위치에 적합하게 십자로 고정 시침한다.

완성된 앞판의 형태

완성된 뒤판의 형태

INDUSTRIAL ENGINEER FASHION DESIGN

CHAPTER

10

팬츠
Pants

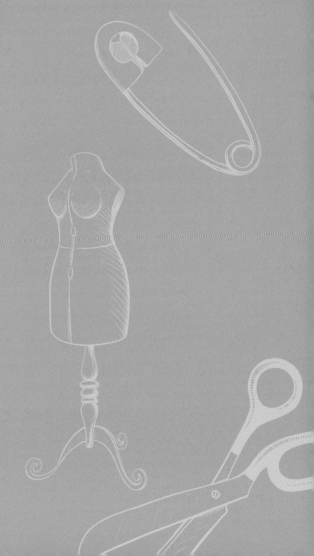

10 CHAPTER

팬츠(Pants)

팬츠는 슬랙스라고도 하며 하반신의 다리를 각각 감싸주는 옷으로서 동작이 자유롭고 활동적이어서 기능성이 높은 의복이다. 팬츠는 캐주얼웨어의 정착으로 계절과 남녀노소를 막론하고 실생활에서 모두가 즐겨 착용하는 옷이다. 팬츠는 스포티(Sporty)한 것에서 포멀(Formal)한 것까지 착용범위와 실루엣이 다양해져 착용하기 좋은 의복으로 정착되었다.

SECTION 01 | 길이별 팬츠의 명칭

① 쇼티쇼츠 팬츠(Shorty Shorts Pants) : 비키니 수용복처럼 길이가 다리 안쪽 밑위보다 3~4cm 올라간 길이의 팬츠

② 쇼츠 팬츠(Shorts Pants) : 다리 안쪽에서 5cm 정도 길이로 가랑이가 거의 없는 타이트한 팬츠

③ 자메이카 팬츠(Jamaica Pants) : 밑위와 무릎의 중간 길이로 휴양지 자메이카의 이름에서 유래된 팬츠

④ 버뮤다 팬츠(Bermuda Pants) : 무릎이 보일정도의 중간 길이로 피서지인 버뮤다에서 유래된 팬츠

⑤ 니팬츠(Knee Pants) : 무릎까지의 길이

⑥ 페달푸셔 팬츠(Pedal Pusher Pants) : 무릎에서 5cm 정도 내려온 길이로 주로 운동할 때 착용하기 편리한 팬츠

⑦ 가우초 팬츠(Gaucho Pants) : 무릎 밑 길이의 품이 넉넉한 팬츠로 남미의 초원지대 가우초들이 착용했던 팬츠

⑧ 카프리 팬츠(Capri Pants) : 발목에서 약 2~3cm 올라간 길이의 팬츠

⑨ 앵클 팬츠(Ankle Pants) : 발목까지의 길이로 된 팬츠

⑩ 클래식 팬츠(Classic Pants) : 발목에서 4~5cm 내려오는 길이의 팬츠

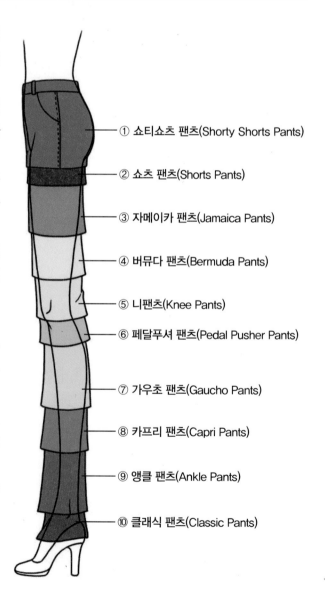

① 쇼티쇼츠 팬츠(Shorty Shorts Pants)

② 쇼츠 팬츠(Shorts Pants)

③ 자메이카 팬츠(Jamaica Pants)

④ 버뮤다 팬츠(Bermuda Pants)

⑤ 니팬츠(Knee Pants)

⑥ 페달푸셔 팬츠(Pedal Pusher Pants)

⑦ 가우초 팬츠(Gaucho Pants)

⑧ 카프리 팬츠(Capri Pants)

⑨ 앵클 팬츠(Ankle Pants)

⑩ 클래식 팬츠(Classic Pants)

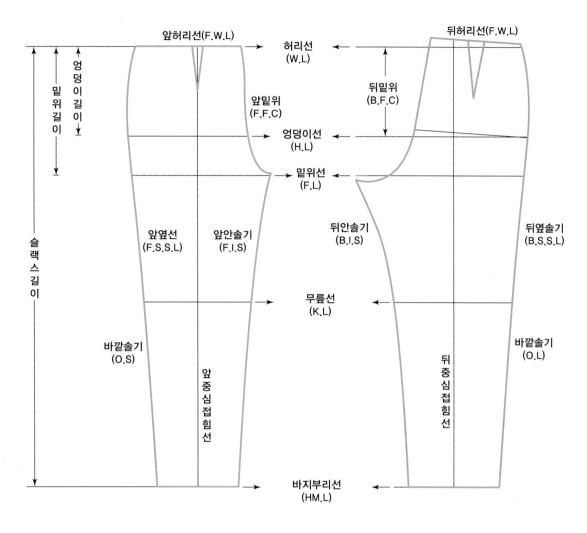

■ 팬츠 제도설계 시 필요한 약자

부위	약자	영문명
허리선	W.L	Waist Line
앞허리선	F.W.L	Front Waist Line
뒤허리선	B.W.L	Back Waist Line
무릎선	K.L	Knee Line
뒷중심선	C.B.L	Center Back Line
앞중심선	C.F.L	Center Front Line
앞옆솔기선	F.S.S.L	Front Side Seam Line
뒤옆솔기선	B.S.S.L	Back Side Seam Line
밑단선	HM.L	Hem Line

부위	약자	영문명
안솔기	I.S	In Seam
바깥솔기	O.S	Out Seam
앞안솔기	F.I.S	Front In Seam
앞밑위	F.F.C	Front From Crotch
뒤안솔기	B.I.S	Back In Seam
뒤밑위	B.F.C	Back From Crotch
밑위길이	C.L	Crotch Length
바지부리선	HM.L	Hem Line

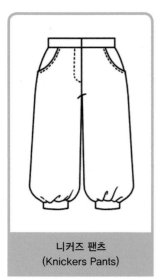

니커즈 팬츠
(Knickers Pants)

니커보커스(Knickerbockers)의 약자. 전체적으로 여유량이 많으며, 무릎 아래 길이의 밑단에 밴드 처리를 한 팬츠이다.

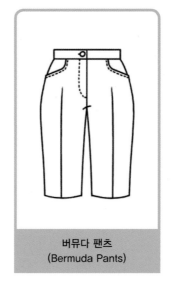

버뮤다 팬츠
(Bermuda Pants)

무릎 위 길이의 짧은 팬츠로서 명칭은 미국의 피서지 버뮤다제도에서 착안·유래되었다.

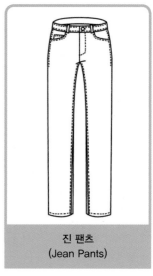

진 팬츠
(Jean Pants)

능직의 튼튼한 소재로 제작되어 주로 작업복으로 착용하였으나 최근에는 남녀노소 모두 즐겨 착용하는 의복 중 하나가 되었다.

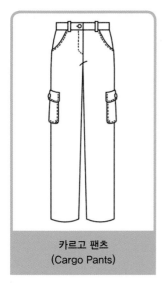

카르고 팬츠
(Cargo Pants)

카르고는 화물선이라는 의미로 화물선 승무원이 착용했던 팬츠였으나 지금은 대중적으로 착용되고 있는 팬츠이다.

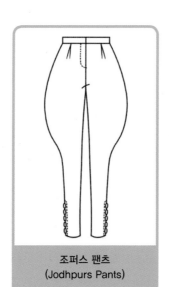

조퍼스 팬츠
(Jodhpurs Pants)

승마용 바지를 말하며 기능상 엉덩이부터 넓적다리 부위까지 넉넉한 볼륨감을 주고 무릎 아래에서 발목까지 꼭 맞게 하여 단추나 지퍼로 여닫을 수 있게 만들어진 팬츠이다.

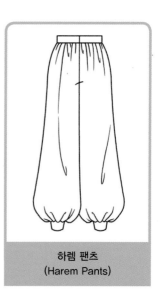

하렘 팬츠
(Harem Pants)

힙선과 밑단 모두 폭이 넓고 발목에서 좁혀준 실루엣으로 이슬람교 여성들이 입고 있던 팬츠에서 유래하였다.

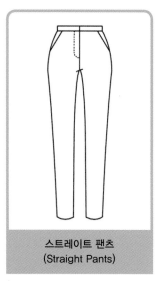

스트레이트 팬츠
(Straight Pants)

팬츠의 기본형으로 슬림팬츠보다
조금 여유있게 직선으로 떨어지는
실루엣을 이룬다.

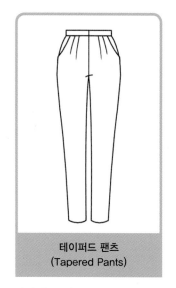

테이퍼드 팬츠
(Tapered Pants)

엉덩이 부분은 부풀고 무릎 아래로
점차적으로 좁아지는 팬츠이다.

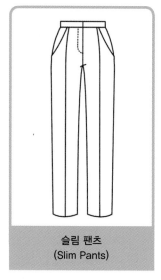

슬림 팬츠
(Slim Pants)

엉덩이라인에 여유량이 적고 스트
레이트 팬츠보다 폭이 좁아 시가렛
또는 드레이파이 팬츠라고도 한다.

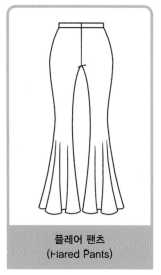

플레어 팬츠
(Flared Pants)

엉덩이에서 무릎선까지는 몸에 붙고
바지 밑단으로 가면서 넓어지는 스
타일이며 디자인에 따라 무릎선 위
에서부터 플레어드시키기도 한다.

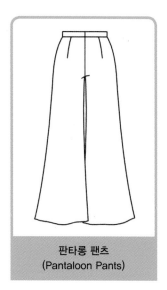

판타롱 팬츠
(Pantaloon Pants)

엉덩이라인이 몸에 꼭 맞으며 여유
량이 적고 아래로 내려가면서 서서
히 넓어지는 팬츠이다.

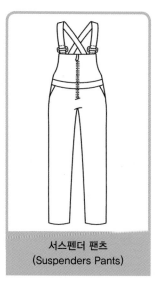

서스펜더 팬츠
(Suspenders Pants)

샬로페트 팬츠라고도 하며 주로 아
동복이나 작업복으로 착용하는 팬
츠이며 허리벨트에 어깨걸이가 달
려 있는 팬츠이다.

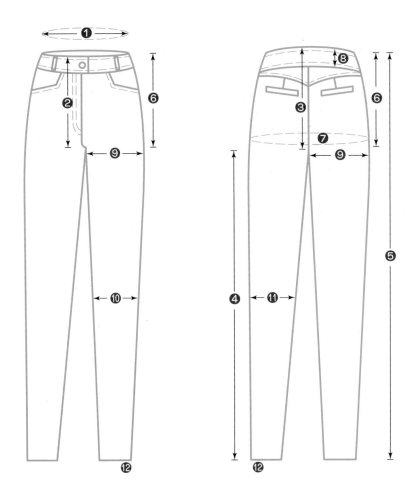

❶ 허리둘레(Waist Circumference) : 훅 또는 단추를 여밈상태에서 허리밴드의 내부를 둘러잰다.

❷ 앞밑위길이(Waist to Front Crotch Length) : 허리 밴드폭을 포함하여 바지 앞샅점까지의 길이를 잰다.

❸ 뒤밑위길이(Waist to Back Crotch Length) : 허리 밴드폭을 포함하여 바지 뒤샅점까지의 길이를 잰다.

❹ 밑아래 팬츠길이(Inseam Length) : 밑위선에서 팬츠밑단까지 팬츠 안쪽선의 봉제선을 따라 길이를 잰다.

❺ 팬츠길이(Pants Length) : 허리밴드폭을 포함하여 팬츠밑단까지 팬츠의 봉제선을 따라 옆선길이를 잰다.

❻ 엉덩이길이(Hip Length) : 허리선에서 엉덩이길이(H.L)까지의 길이를 잰다.

❼ 엉덩이둘레(Hip Circumference) : 허리선에서 엉덩이길이(H.L)까지 내려온(H.L) 지점에서 팬츠둘레를 잰다.

❽ 벨트 너비(Waistband Width) : 벨트의 너비 폭을 잰다.

❾ 넙다리둘레(Thight Circumference) : 밑위선 지점에서 팬츠수평둘레를 잰다.

❿ 앞무릎 너비(Across Front Knee) : 무릎지점에서 팬츠 앞의 안쪽과 옆선의 봉제선 사이를 수평으로 잰다.

⓫ 뒤무릎 너비(Across Back Knee) : 무릎지점에서 팬츠 뒤의 안쪽과 옆선의 봉제선 사이를 수평으로 잰다.

⓬ 팬츠부리 너비(Hem Line) : 앞뒤팬츠부리폭을 반으로 접어 너비를 잰다.

(1) 타이트 팬츠 제도설계

팬츠를 제도설계할 때 팬츠의 앞판을 기준으로 뒤판을 설계하게 된다. 그러므로 앞판 제도 위에 뒤판을 얹어 설계하기도 한다. 이 설계방법은 능률적이고 선의 흐름이 아름다우며, 앞판과 뒤판의 선을 균형 있게 그릴 수 있어 아름다운 실루엣의 기초선을 이룰 수 있는 장점이 있기 때문에 널리 이용되고 있다.

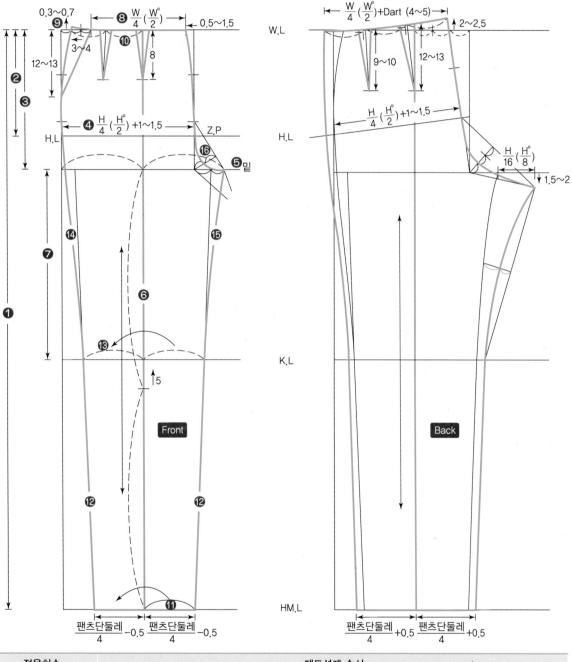

적용치수		제도설계 순서	
• 허리둘레 : 68	❶ 팬츠길이	❻ 중심선설정	⓬ 팬츠가랑이 안단선과 옆선 긋기
• 엉덩이둘레 : 92	❷ 엉덩이길이	❼ 무릎선(K.L) 설정	⓭ 무릎선(K.L)에서 동치수 옮김
• 엉덩이길이 : 18	❸ 밑위길이 : $\frac{H}{4}(\frac{H^\circ}{2})+1$	❽ 허리치수적용	⓮ (K.L)에서 H.L까지 선 긋기
• 밑위길이 : $\frac{H}{4}+1$	❹ 엉덩이둘레	❾ 허리옆선그리기	⓯ 가랑이 안선 긋기(KL~밑까지)
• 팬츠길이 : 96	❺ 밑 : $\frac{H}{16}(\frac{H^\circ}{8})-0.7\sim1$	❿ 다트그리기	⓰ 밑선(곡선) 긋기
• 팬츠단둘레 : 20		⓫ 팬츠단둘레설정	

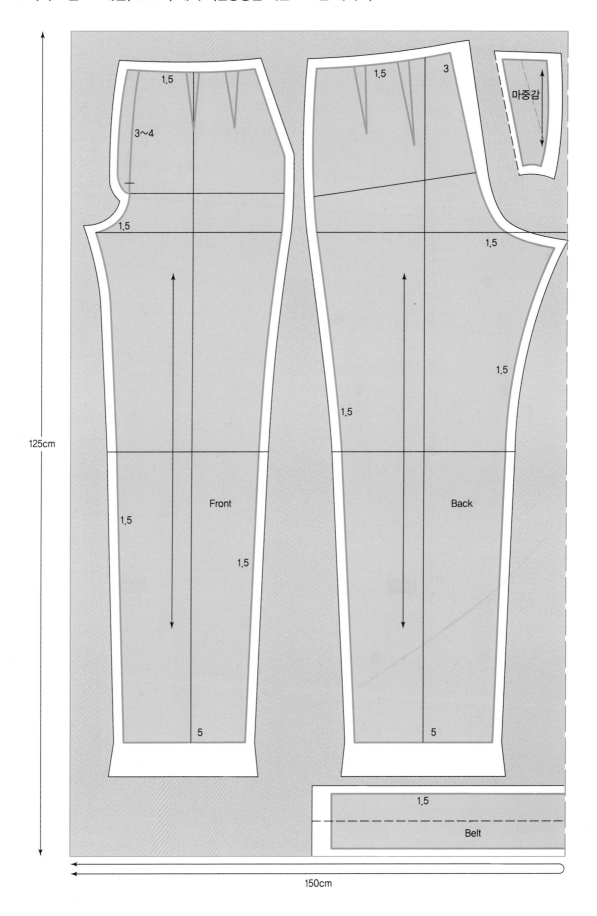

(2) 슬림 팬츠 제도설계

슬림 팬츠(Slim Pants)는 스트레이트 팬츠(Straight Pants)보다 몸에 밀착되어 가느다란 실루엣을 이루며,
시가렛 팬츠(Cigarette Pants)라고도 한다.

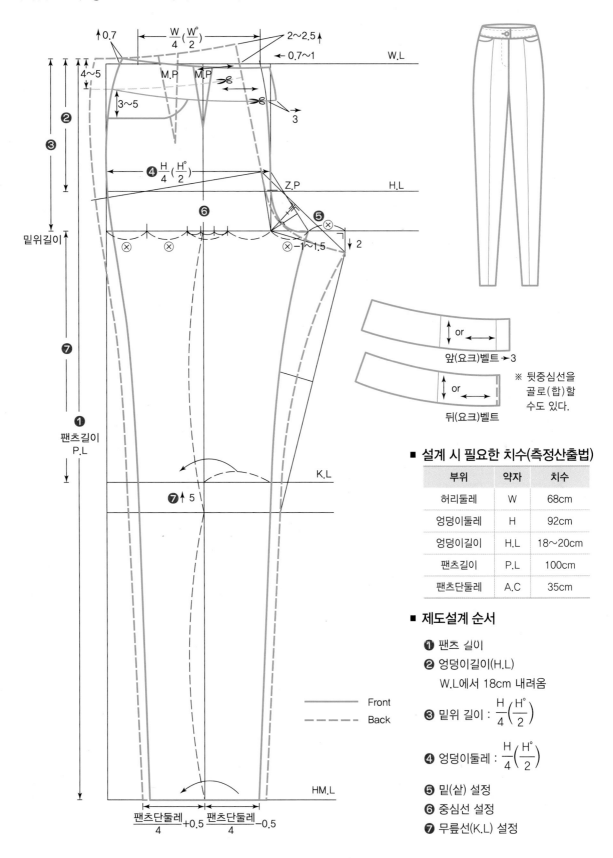

| Front | —————— |
| Back | – – – – – |

■ **설계 시 필요한 치수(측정산출법)**

부위	약자	치수
허리둘레	W	68cm
엉덩이둘레	H	92cm
엉덩이길이	H.L	18~20cm
팬츠길이	P.L	100cm
팬츠단둘레	A.C	35cm

■ **제도설계 순서**

❶ 팬츠 길이

❷ 엉덩이길이(H.L)
　 W.L에서 18cm 내려옴

❸ 밑위 길이 : $\dfrac{H}{4}\left(\dfrac{H°}{2}\right)$

❹ 엉덩이둘레 : $\dfrac{H}{4}\left(\dfrac{H°}{2}\right)$

❺ 밑(샅) 설정

❻ 중심선 설정

❼ 무릎선(K.L) 설정

스트레이트
팬츠
STRAIGHT PANTS

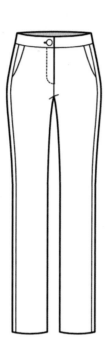

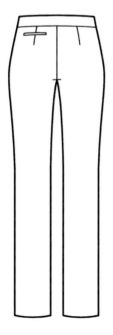

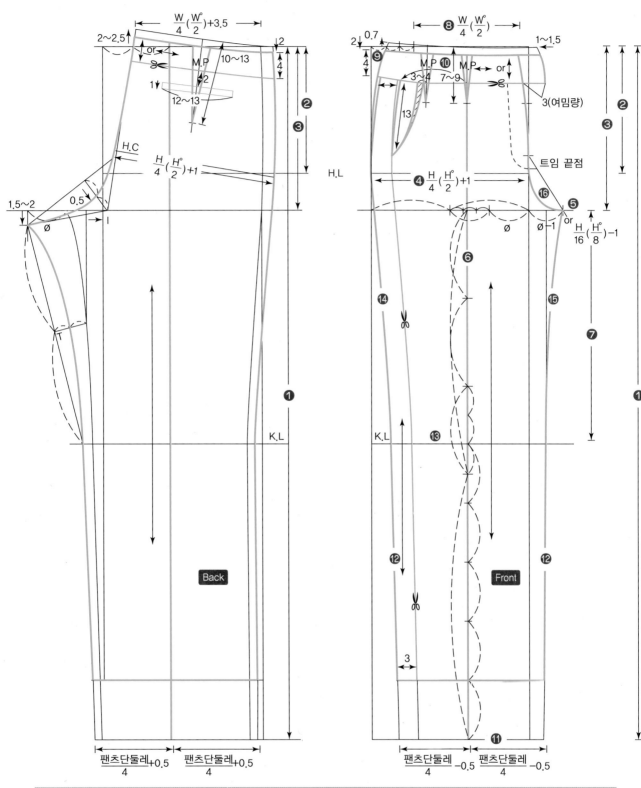

적용치수	제도설계순서	
• 팬츠길이 : 100(92)	❶ 팬츠길이	⓬ 팬츠가랑이 안단선과 옆선 긋기
• 밑위길이 : 22	❷ 엉덩이길이	⓭ 무릎선(K.L)에서 동치수 옮김
• 허리둘레 : 74	❸ 밑위길이 : $\frac{H}{4}\left(\frac{H°}{2}\right)+1$	⓮ (K.L)에서 H.L까지 선긋기
• 엉덩이둘레 : 92	❹ 엉덩이둘레	⓯ 가랑이 안선 긋기(KL~밑까지)
• 팬츠단둘레 : 44(22)	❺ 밑 : $\frac{H}{16}\left(\frac{H°}{8}\right)-0.7~1$	⓰ 밑선(곡선) 긋기
	❻ 중심선설정	
	❼ 무릎선(K.L) 설정	
	❽ 허리치수적용	
	❾ 허리옆선그리기	
	❿ 다트그리기	
	⓫ 팬츠단둘레설정	

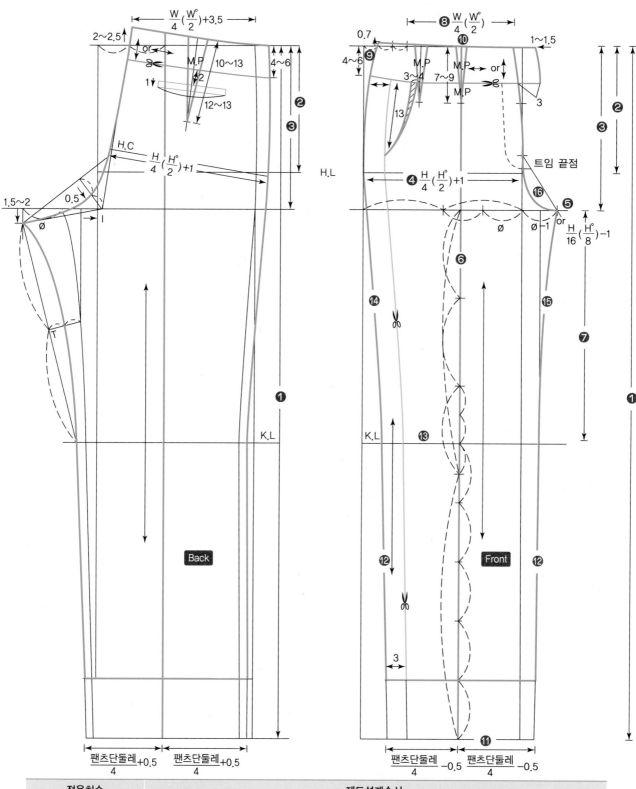

적용치수	제도설계순서		
• 팬츠길이 : 100(92)	❶ 팬츠길이	❻ 중심선설정	⓬ 팬츠가랑이 안단선과 옆선 긋기
• 밑위길이 : 22	❷ 엉덩이길이	❼ 무릎선(K.L) 설정	⓭ 무릎선(K.L)에서 동치수 옮김
• 허리둘레 : 74	❸ 밑위길이 : $\frac{H}{4}\left(\frac{H°}{2}\right)+1$	❽ 허리치수적용	⓮ (K.L)에서 H.L까지 선긋기
• 엉덩이둘레 : 92	❹ 엉덩이둘레	❾ 허리옆선그리기	⓯ 가랑이 안선 긋기(KL∼밑까지)
• 팬츠단둘레 : 44(22)	❺ 밑 : $\frac{H}{16}\left(\frac{H°}{8}\right)-0.7\sim1$	❿ 다트그리기	⓰ 밑선(곡선) 긋기
		⓫ 팬츠단둘레설정	

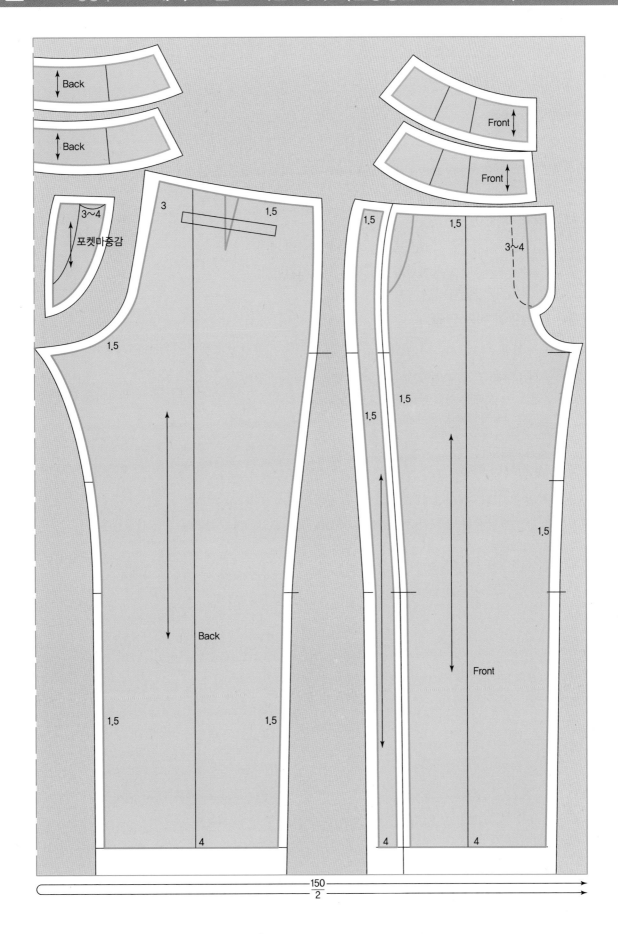

Back

Back

Front

Front

3~4

포켓마중감

3

1.5

1.5

1.5

3~4

1.5

1.5

1.5

1.5

Back

Front

1.5

1.5

1.5

4

4

4

$\frac{150}{2}$

가봉시침 : 재단된 옷감의 겉에서 완성선대로 시접을 접은 후 완성선에 맞추어 시접 위에 올려놓고 상침(누름) 시침한다.

(1) 팬츠 앞판 제작

① 팬츠의 겉면에서 포켓입구의 시접을 완성선대로 접은 후 시침한다.
② 시침된 포켓 위치에 마중감을 대고 옆선 패널 폭의 시접을 접어 완성선에 맞추어 올려놓고 상침 시침한다.

(2) 팬츠 뒤판 제작

① 뒤판 다트의 시접이 중심 쪽으로 향하게 하여 겉에서 상침 시침한다.
② 포켓의 형태를 시접 없이 재단하여 위치에 고정 시침한다.

(3) 팬츠의 앞판과 뒤판 연결

① 앞판의 옆선 시접을 접은 후 뒤판 시접 완성선에 맞추어 올려놓고 상침 시침한다.
② 팬츠의 가랑이 안 선을 앞판 시접을 접어 뒤판 시접 위에 올려놓고 상침 시침한다.
③ 착용했을 때 오른쪽 시접을 접은 후 완성선에 맞추어 왼쪽 시접 위에 올려놓고 지퍼자리를 남기고 상침 시침한다.

(4) 밑단 및 마무리 작업

① 팬츠 밑단 시접을 완성선대로 접어올린 후 상침으로 시침한다.
② 허리 밴드에 제시된 단추 치수에 적합하게 시접 없이 재단하여 오른쪽에 고정 시침한다.

측면에서 본 형태

페그톱
팬츠

PEG - TOP PANTS

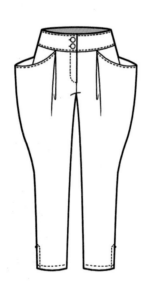

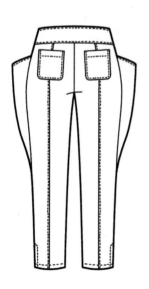

엉덩이 부분에 가벼운 볼륨감을 준 팬츠로 옷의 형태가 팽이 모양과 같다 하여 페그톱 팬츠(Peg-Top Pants)라 불린다.

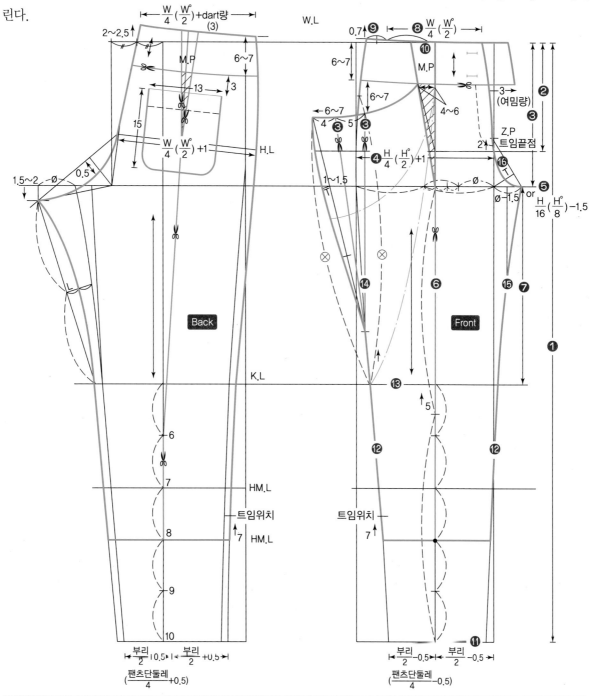

적용치수	제도설계순서		
• 허리둘레 : 68	❶ 팬츠길이	❻ 중심선설정	⓬ 팬츠가랑이 안단선과 옆선 긋기
• 엉덩이둘레 : 92	❷ 엉덩이길이	❼ 무릎선(K.L) 설정	⓭ 무릎선(K.L)에서 동치수 옮김
• 엉덩이길이 : 18	❸ 밑위길이 : $\frac{H}{4}(\frac{H°}{2})+1$	❽ 허리치수적용	⓮ (K.L)에서 H.L까지 선긋기
• 밑위길이 : $\frac{H}{4}+1$	❹ 엉덩이둘레	❾ 허리옆선그리기	⓯ 가랑이 안선 긋기(KL~밑까지)
• 팬츠길이 : 96	❺ 밑 : $\frac{H}{16}(\frac{H°}{8})-0.7~1$	❿ 다트그리기	⓰ 밑선(곡선) 긋기
• 팬츠단둘레 : 20		⓫ 팬츠단둘레설정	

Tip 팬츠의 원래 길이를 설정 후 무릎선(K.L) 밑에서 다섯 등분하여 6~10부까지 표기하며 6부, 7부 또는 9부 길이로 설정한다.

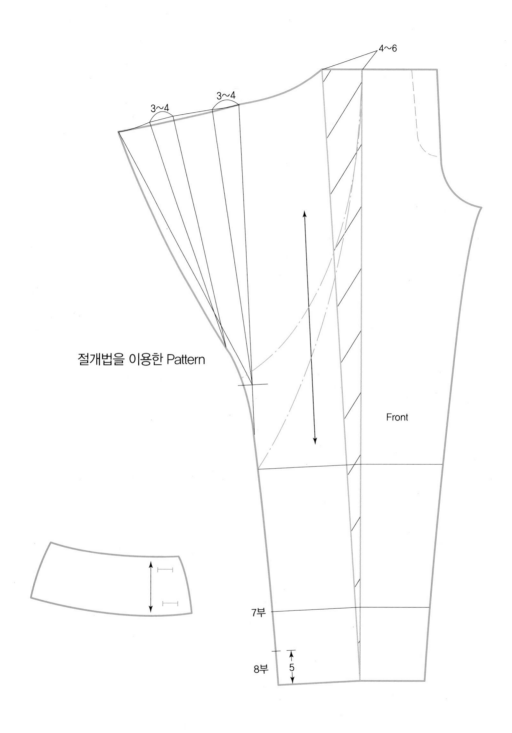

절개법을 이용한 Pattern

Front

7부

8부

5

3~4

3~4

4~6

Tip 포켓(Pocket)의 안단을 짧게 할 수도 있으나 무릎선(K.L)까지 깊게 사용했을 때 팬츠의 가장 좋은 실루엣을 유지할 수 있다.

■ **적용치수**

허리둘레 : 68

엉덩이둘레 : 92

엉덩이길이 : 18

밑위길이 : $\dfrac{H}{4}$ +1

팬츠길이 : 96

팬츠단둘레 : 20

■ **제도설계 순서**

❶ 팬츠길이

❷ 엉덩이길이

❸ 밑위길이 : $\dfrac{H}{4}\left(\dfrac{H°}{2}\right)$ +1

❹ 엉덩이둘레

❺ 밑 : $\dfrac{H}{16}\left(\dfrac{H°}{8}\right)$ −0.7~1

❻ 중심선설정

❼ 무릎선(K.L) 설정

❽ 허리치수적용

❾ 허리옆선그리기

❿ 다트그리기

⓫ 팬츠단둘레설정

⓬ 팬츠가랑이 안단선과 옆선 긋기

⓭ 무릎선(K.L)에서 동치수 옮김

⓮ (K.L)에서 H.L까지 선긋기

⓯ 가랑이 안선 긋기(KL~밑까지)

⓰ 밑선(곡선) 긋기

Tip 팬츠(Pants)의 길이를 무릎 아래 6~9부의 길이에서 설정할 때는 무릎선(K.L) 아랫부분을 다섯으로 나누어 각각 6, 7, 8, 9부 길이로 설정한다.

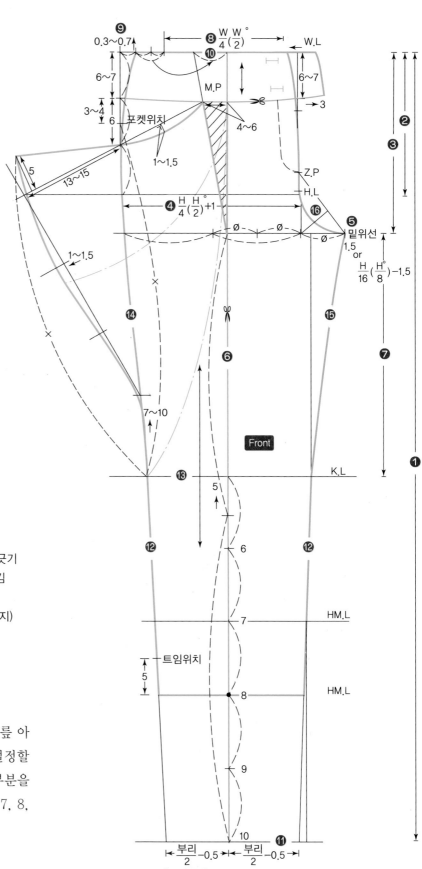

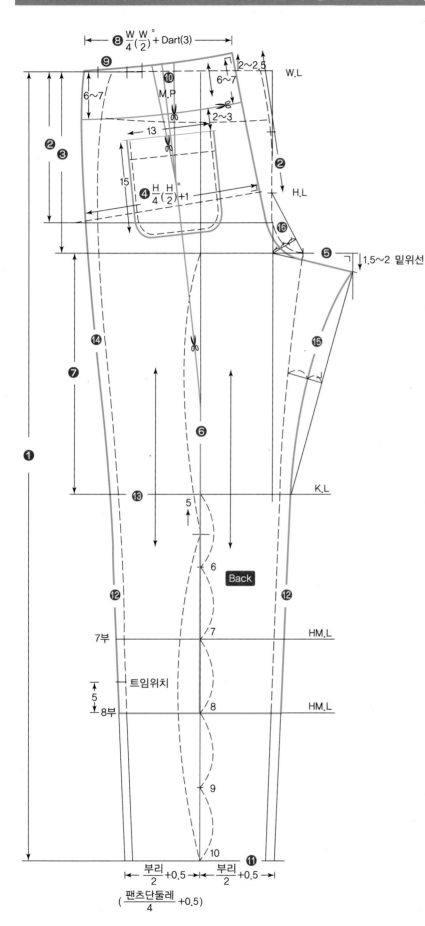

❶ $\frac{W}{4}\left(\frac{W}{2}\right)^{\circ}$ + Dart(3)

2~2.5

W.L

6~7

M.P

2~3

13

15

❹ $\frac{H}{4}\left(\frac{H}{2}\right)^{\circ}$ +1

H.L

❻

1.5~2 밑위선

❺

Back

K.L

HM.L

7부

트임위치

HM.L

8부

❶

10

부리/2 +0.5   부리/2 +0.5

($\frac{팬츠단둘레}{4}$ +0.5)

■ **적용치수**

허리둘레 : 68
엉덩이둘레 : 92
엉덩이길이 : 18
밑위길이 : $\frac{H}{4}$ +1
팬츠길이 : 96
팬츠단둘레 : 20

■ **제도설계 순서**

❶ 팬츠길이
❷ 엉덩이길이
❸ 밑위길이 : $\frac{H}{4}\left(\frac{H^{\circ}}{2}\right)$ +1
❹ 엉덩이둘레
❺ 밑 : $\frac{H}{16}\left(\frac{H^{\circ}}{8}\right)$ −0.7~1
❻ 중심선설정
❼ 무릎선(K.L) 설정
❽ 허리치수적용
❾ 허리옆선그리기
❿ 다트그리기
⓫ 팬츠단둘레설정
⓬ 팬츠가랑이 안단선과 옆선 긋기
⓭ 무릎선(K.L)에서 동치수 옮김
⓮ (K.L)에서 H.L까지 선긋기
⓯ 가랑이 안선 긋기(KL~밑까지)
⓰ 밑선(곡선) 긋기

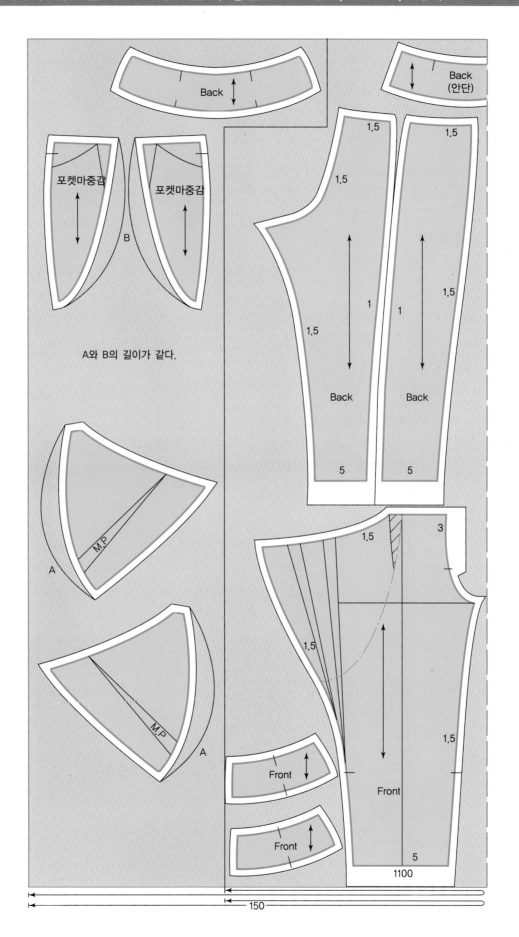

A와 B의 길이가 같다.

가봉시침 : 재단된 옷감의 겉에서 완성선대로 시접을 접은 후 완성선에 맞추어 시접 위에 올려놓고 상침(누름) 시침한다.

(1) 팬츠 앞판 제작

① 팬츠 앞판의 겉면에서 중심의 작은 턱을 시접이 중심 쪽으로 향하게 하여 상침한다.
② 포켓의 입구 시접을 완성선대로 접고 시침을 한 후 마중감을 대고 옆선에서 시침으로 고정한다.
③ 요크밴드 시접을 완성선대로 접은 후 몸판의 허리선을 맞추어 시접 위에 올려놓고 상침으로 시침한다.

(2) 팬츠 뒤판 제작

① 팬츠 뒤판의 겉면에서 중심선의 시접을 옆선 쪽으로 향하게 하여 상침 시침 후 포켓을 완성선대로 재단하여 고정 시침한다.
② 요크밴드의 시접을 완성선대로 접어서 몸판의 허리선 완성선에 맞추어 시접 위에 올려놓고 상침 시침한다.

(3) 앞판과 뒤판의 연결

① 팬츠의 뒤판 시접을 접어 앞판 시접 위의 완성선에 맞추어 올려놓고 상침 시침한다.
② 팬츠 가랑이 안 선을 앞판 시접을 접어 뒤판 시접 위의 완성선에 맞추어 올려놓고 상침으로 시침한다.
③ 착용했을 때 오른쪽 시접을 접어서 왼쪽 시접 위에 올려놓고 지퍼자리만 남긴 후에 상침으로 시침한다.

(4) 밑단 및 마무리 작업

① 팬츠 밑단을 트임 위치만 남기고 접어올린 후에 상침 시침한다.
② 트임을 시침으로 맞트임 정리한다.
③ 허리밴드에 제시된 단추 치수에 적합하게 재단하여 십자로 고정 시침한다.(시접 없음)

진
팬츠
JEAN PANTS

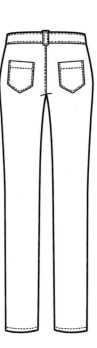

진팬츠(Jean Pants)는 스트레이트팬츠보다 몸에 밀착되면서 슬림하고 가느다란 실루엣으로 점차적으로 팬츠
밑단이 슬림한 형태이다.

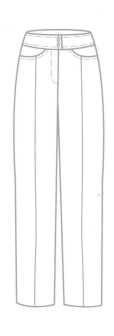

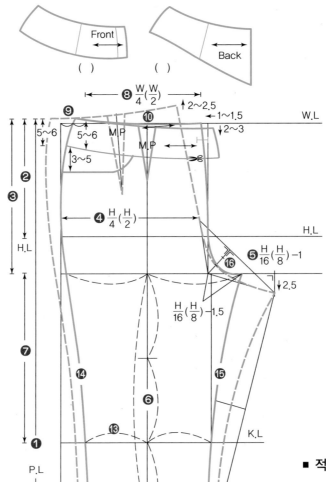

Front ( )

Back ( )

■ 제도설계 순서

❶ 팬츠길이

❷ 엉덩이길이

❸ 밑위길이 : $\dfrac{H}{4}\left(\dfrac{H°}{2}\right)+1$

❹ 엉덩이둘레

❺ 밑 : $\dfrac{H}{16}\left(\dfrac{H°}{8}\right)-0.7\sim1$

❻ 중심선설정

❼ 무릎선(K.L) 설정

❽ 허리치수적용

❾ 허리옆선그리기

❿ 다트그리기

⓫ 팬츠단둘레설정

⓬ 팬츠가랑이 안단선과 옆선 긋기

⓭ 무릎선(K.L)에서 동치수 옮김

⓮ (K.L)에서 H.L까지 선긋기

⓯ 가랑이 안선 긋기(KL~밑까지)

⓰ 밑선(곡선) 긋기

■ 적용치수

허리둘레 : 66

엉덩이둘레 : 92

엉덩이길이 : 18~20

밑위길이 : $\dfrac{H}{4}+1$

팬츠길이 : 100

팬츠단둘레 : 40

• 진팬츠(Jean Pants)
는 디자인의 특성상
몸에 피트성을 고려하
여 여유분량을 제거하
여 제도설계한다.

• 팬츠 밑단둘레는 유행
에 따라 좁거나 넓게
설계할 수 있다.

INDUSTRIAL ENGINEER FASHION DESIGN

원피스 드레스
One—piece Dress

원피스 드레스는 상의와 하의가 하나로 연결된 의복으로서 여성스럽게 착용할 수 있는 한 조각으로 구성된 의복의 총칭이다. 포멀한 경우에는 정장차림의 기본이 되나 착용법에 따라 실루엣이 다양하므로 소재 선택과 T.P.O에 적합한 선택이 중요하며 재킷이나 카디건 등과 조합으로 변화를 줄 수 있다.

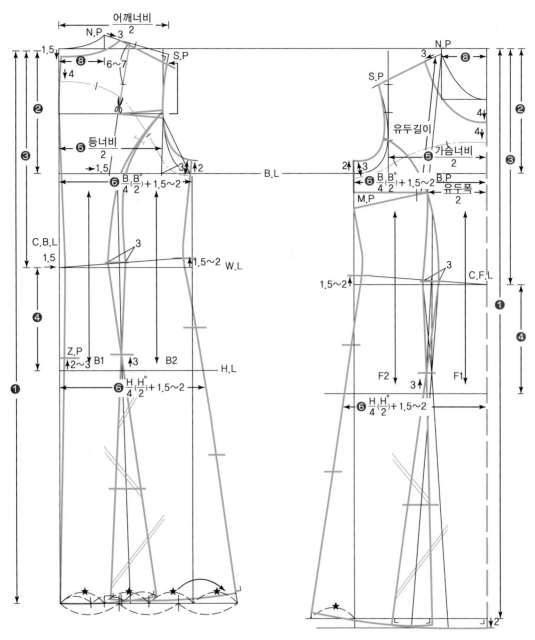

적용치수		제도설계 순서	
		뒤판(Back)	앞판(Front)
가슴둘레	84	❶ 원피스 길이 : 98	❶ 원피스 길이+차이치수
엉덩이둘레	92	❷ 진동깊이 : $\dfrac{B}{4}\left(\dfrac{B°}{2}\right)$	❷ 진동깊이 : $\dfrac{B}{4}\left(\dfrac{B°}{2}\right)$
원피스 길이	98	❸ 등길이 : 38	❸ 앞길이(등길이+차이치수)
등길이	38	❹ 엉덩이 길이(H.L)	❹ 엉덩이 길이(H.L)
어깨너비	37	허리선(W.L)에서 18~20cm 아래로 내려줌	허리선(W.L)에서 18~20cm 아래로 내려줌
등너비	34		
가슴너비	32	❺ $\dfrac{\text{등너비}}{2}$	❺ $\dfrac{\text{가슴너비}}{2}$
유두너비	18	❻ $\dfrac{B}{4}\left(\dfrac{B°}{2}\right)+1.5$	❻ $\dfrac{B}{4}\left(\dfrac{B°}{2}\right)+2$
유두길이	24	❼ $\dfrac{H}{4}\left(\dfrac{H°}{2}\right)+1.5$	❼ $\dfrac{H}{4}\left(\dfrac{H°}{2}\right)+2$ 또는 뒤판의 사용량
앞길이	40.5	❽ 목둘레 $\dfrac{B}{12}\left(\dfrac{B°}{6}\right)$	❽ 목둘레 $\dfrac{B}{12}\left(\dfrac{B°}{6}\right)$ −가로
		❾ $\dfrac{B}{12}\left(\dfrac{B°}{6}\right)$ 의 $\dfrac{1}{3}$ 양	❾ 목둘레 $\dfrac{B}{12}\left(\dfrac{B°}{6}\right)+●$ −세로

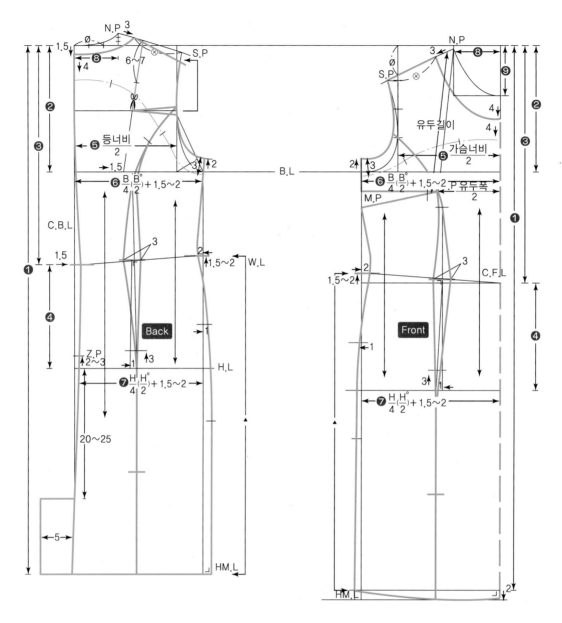

적용치수		제도설계 순서	
		뒤판(Back)	앞판(Front)
가슴둘레	84	❶ 원피스 길이 : 98	❶ 원피스 길이+차이치수
엉덩이둘레	92	❷ 진동깊이 : $\frac{B}{4}\left(\frac{B^\circ}{2}\right)$	❷ 진동깊이 : $\frac{B}{4}\left(\frac{B^\circ}{2}\right)$
원피스 길이	98		
등길이	38	❸ 등길이 : 38	❸ 앞길이(등길이+차이치수)
어깨너비	37	❹ 엉덩이 길이(H.L)	❹ 엉덩이 길이(H.L)
등너비	34	허리선(W.L)에서 18~20cm 아래로 내려줌	허리선(W.L)에서 18~20cm 아래로 내려줌
가슴너비	32	❺ $\frac{등너비}{2}$	❺ $\frac{가슴너비}{2}$
유두너비	18	❻ $\frac{B}{4}\left(\frac{B^\circ}{2}\right)$ +1.5	❻ $\frac{B}{4}\left(\frac{B^\circ}{2}\right)$ +2
유두길이	24	❼ $\frac{H}{4}\left(\frac{H^\circ}{2}\right)$ +1.5	❼ $\frac{H}{4}\left(\frac{H^\circ}{2}\right)$ +2 또는 뒤판의 사용량
앞길이	40.5	❽ 목둘레 $\frac{B}{12}\left(\frac{B^\circ}{6}\right)$	❽ 목둘레 $\frac{B}{12}\left(\frac{B^\circ}{6}\right)$ −가로
		❾ $\frac{B}{12}\left(\frac{B^\circ}{6}\right)$ 의 $\frac{1}{3}$ 양	❾ 목둘레 $\frac{B}{12}\left(\frac{B^\circ}{6}\right)$ +● −세로

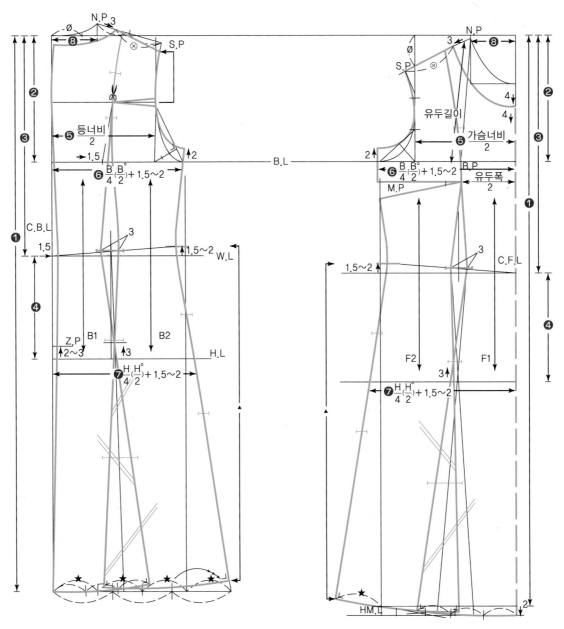

적용치수		제도설계 순서	
		뒤판(Back)	앞판(Front)
가슴둘레	84		
엉덩이둘레	92	❶ 원피스 길이 : 90	❶ 원피스 길이+차이치수
원피스 길이	98	❷ 진동깊이 : $\frac{B}{4}\left(\frac{B°}{2}\right)$	❷ 진동깊이 : $\frac{B}{4}\left(\frac{B°}{2}\right)$
등길이	38	❸ 등길이 : 38	❸ 앞길이(등길이+차이치수)
어깨너비	37	❹ 엉덩이 길이(H.L)	❹ 엉덩이 길이(H.L)
등너비	34	허리선(W.L)에서 18~20cm 아래로 내려줌	허리선(W.L)에서 18~20cm 아래로 내려줌
가슴너비	32	❺ $\frac{\text{등너비}}{2}$	❺ $\frac{\text{가슴너비}}{2}$
유두너비	18	❻ $\frac{B}{4}\left(\frac{B°}{2}\right)$ +1.5	❻ $\frac{B}{4}\left(\frac{B°}{2}\right)$ +2
유두길이	24	❼ $\frac{H}{4}\left(\frac{H°}{2}\right)$ +1.5	❼ $\frac{H}{4}\left(\frac{H°}{2}\right)$ +2 또는 뒤판의 사용량
앞길이	40.5	❽ 목둘레 $\frac{B}{12}\left(\frac{B°}{6}\right)$	❽ 목둘레 $\frac{B}{12}\left(\frac{B°}{6}\right)$ −가로
		❾ $\frac{B}{12}\left(\frac{B°}{6}\right)$ 의 $\frac{1}{3}$ 양	❾ 목둘레 $\frac{B}{12}\left(\frac{B°}{6}\right)$ +● −세로

HIGH WAIST LINE
ONE-PIECE DRESS

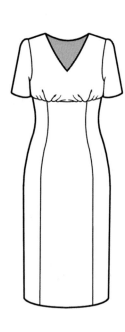

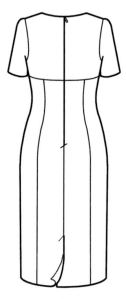

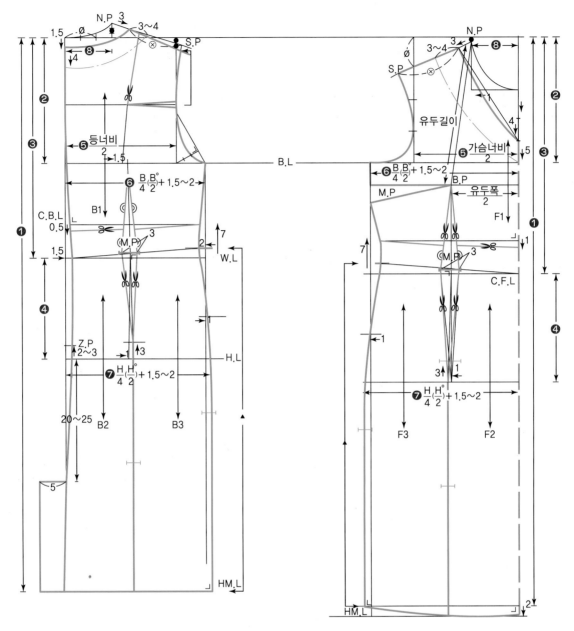

적용치수		제도설계 순서	
		뒤판(Back)	앞판(Front)
가슴둘레	84	❶ 원피스 길이 : 98	❶ 원피스 길이+차이치수
넝녕이눌레	92	❷ 진동깊이 : $\frac{B}{4}\left(\frac{B^\circ}{2}\right)$	❷ 진동깊이 : $\frac{B}{4}\left(\frac{B^\circ}{2}\right)$
원피스 길이	98		
등길이	38	❸ 등길이 : 38	❸ 앞길이(등길이+차이치수)
어깨너비	37	❹ 엉덩이 길이(H.L)	❹ 엉덩이 길이(H.L)
등너비	34	허리선(W.L)에서 18~20cm 아래로 내려줌	허리선(W.L)에서 18~20cm 아래로 내려줌
가슴너비	32	❺ $\dfrac{등너비}{2}$	❺ $\dfrac{가슴너비}{2}$
유두너비	18	❻ $\frac{B}{4}\left(\frac{B^\circ}{2}\right)+1.5$	❻ $\frac{B}{4}\left(\frac{B^\circ}{2}\right)+2$
유두길이	24	❼ $\frac{H}{4}\left(\frac{H^\circ}{2}\right)+1.5$	❼ $\frac{H}{4}\left(\frac{H^\circ}{2}\right)+2$ 또는 뒤판의 사용량
앞길이	40.5	❽ 목둘레 $\frac{B}{12}\left(\frac{B^\circ}{6}\right)$	❽ 목둘레 $\frac{B}{12}\left(\frac{B^\circ}{6}\right)-$가로
		❾ $\frac{B}{12}\left(\frac{B^\circ}{6}\right)$ 의 $\frac{1}{3}$ 양	❾ 목둘레 $\frac{B}{12}\left(\frac{B^\circ}{6}\right)+●-$세로

■ 적용치수

A.H $\begin{bmatrix} \text{F.A.H} \\ \text{B.A.H} \end{bmatrix}$

소매길이 : 25
소매단둘레 : 31

■ 제도설계 순서

❶ 소매길이

❷ 소매산 : $\dfrac{\text{F.A.H+B.A.H}}{3}$

❸ F.A.H −0.5
❹ 중심선 긋기
❺ B.A.H −0.5
❻ 옆선 긋고 밑단 정리

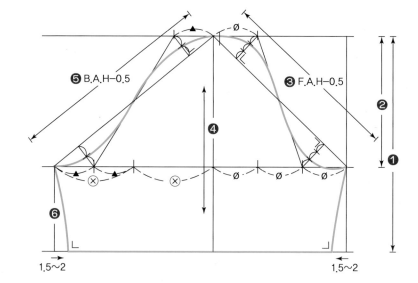

■ **적용치수**

원피스 드레스 길이 : 100

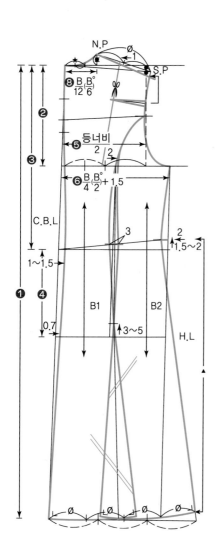
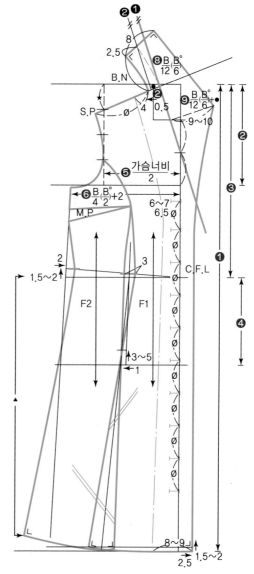

적용치수		제도설계 순서	
		뒤판(Back)	**앞판(Front)**
가슴둘레	84	❶ 원피스 길이 : 98	❶ 원피스 길이+차이치수
엉덩이둘레	92	❷ 진동깊이 : $\frac{B}{4}\left(\frac{B°}{2}\right)$	❷ 진동깊이 : $\frac{B}{4}\left(\frac{B°}{2}\right)$
원피스 길이	98		
등길이	38	❸ 등길이 : 38	❸ 앞길이(등길이+차이치수)
어깨너비	37	❹ 엉덩이 길이(H.L)	❹ 엉덩이 길이(H.L)
등너비	34	허리선(W.L)에서 18~20cm 아래로 내려줌	허리선(W.L)에서 18~20cm 아래로 내려줌
가슴너비	32	❺ $\frac{\text{등너비}}{2}$	❺ $\frac{\text{가슴너비}}{2}$
유두너비	18	❻ $\frac{B}{4}\left(\frac{B°}{2}\right)$+1.5	❻ $\frac{B}{4}\left(\frac{B°}{2}\right)$+2
유두길이	24	❼ $\frac{H}{4}\left(\frac{H°}{2}\right)$+1.5	❼ $\frac{H}{4}\left(\frac{H°}{2}\right)$+2 또는 뒤판의 사용량
앞길이	40.5	❽ 목둘레 $\frac{B}{12}\left(\frac{B°}{6}\right)$	❽ 목둘레 $\frac{B}{12}\left(\frac{B°}{6}\right)$ −가로
		❾ $\frac{B}{12}\left(\frac{B°}{6}\right)$ 의 $\frac{1}{3}$ 양	❾ 목둘레 $\frac{B}{12}\left(\frac{B°}{6}\right)$+● −세로

■ 적용치수

A.H $\begin{bmatrix} \text{F.A.H : 21.5} \\ \text{B.A.H : 22.5} \end{bmatrix}$

소매길이 : 56

■ 제도설계 순서

❶ 소매길이 : 58

❷ 소매산 높이 : $\dfrac{\text{A.H(F+B)}}{3}$

❸ 팔꿈치선 : $\dfrac{\text{소매길이}}{2}$ +3∼4

❹ F.A.H : 22.5

❺ 중심선 긋기

❻ B.A.H : 23.5

❼ 소매안선 그리기

❽ 소매산 그리기

❾ 중심선 이동(F→)

❿ 소매단둘레

⓫ 소매안선 실선 그리기

⓬ 밑다트 그리기

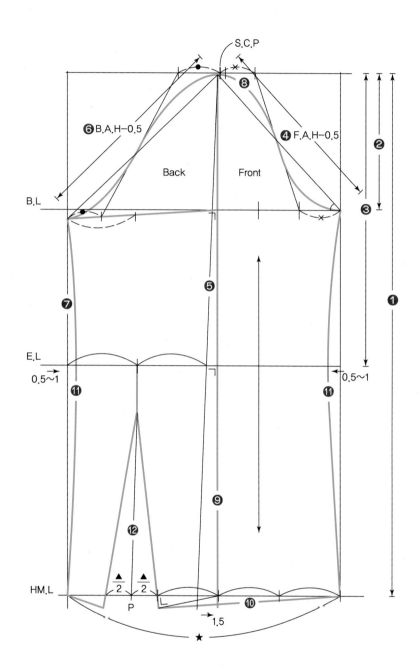

Tip 소매단 둘레의 계산방법

★-소매단둘레(25)=▲라면 ▲을 P의 위치에서 빼고 남은 양이 구하고자 하는 소매둘레의 치수이다.

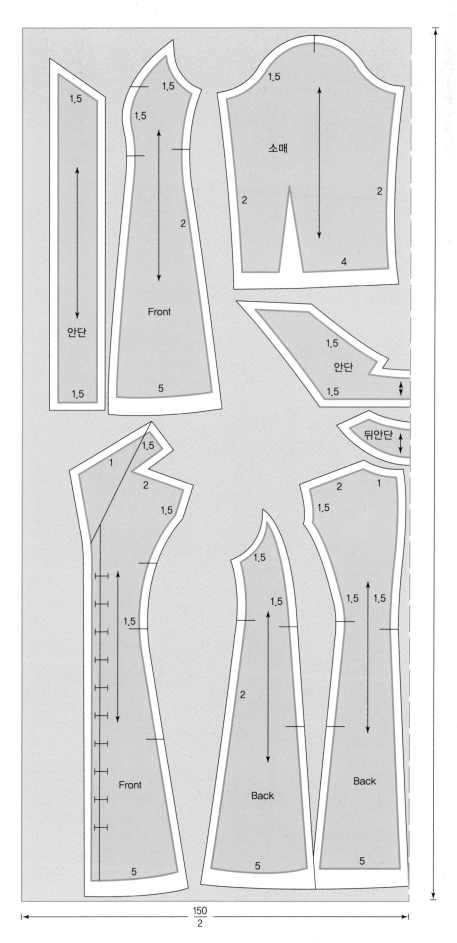

가봉시침 : 재단된 옷감의 시접을 접어 겉에서 상침(누름)시침한다.

(1) 소매(Sleeve) 제작

① 소매산은 시침실로 잔홈질하여 이즈(Ease)양을 주어 오그림을 한다.
② 소매 밑다트는 시접을 중심 쪽으로 향한 후 상침시침한다.
③ 소매 안선은 뒤판 옆선 시접을 접어 앞판옆선시접 위에 올려놓고 상침시침한다.
④ 소매 밑단 시접은 완성선대로 접어 올려 상침시침한다.

(2) 몸판(Bodice) 제작

1) 앞판(Front)

앞판 패널폭시접을 접어 앞판 중심폭 시접 위에 올려놓고 상침시침한다.

2) 뒤판(Back)

① 뒤판 패널폭의 시접을 접어 뒤판중심 쪽 시접에 올려놓고 상침시침한다.
② 뒷중심선 왼쪽 시접을 접어 오른쪽 시접 위에 올려놓고 상침시침한다.
③ 뒤판 어깨시접을 접어 앞판 어깨 시접 위에 올려놓고 상침시침한다.
④ 뒤몸판 옆선 시접을 접어 앞판 몸판 시접 위에 올려놓고 상침시침한다.
⑤ 밑단 시접은 완성선대로 접어올려 상침시침한다.
⑥ 칼라는 안쪽에서 상침시침하여 몸판 목선 시접 위에 올려놓고 상침시침한다.

(3) 소매(Sleeve) 달기

① 소매산의 이즈(Ease)양을 조절하여 오그림한 소매의 중심점과 몸판의 S.P점을 맞춘다.
② 몸판의 겉면과 소매의 겉면을 마주놓고 안쪽에서 시침(홈질)하여 달아준다.

(4) 단춧구멍 및 단추 달기

① 몸판 앞중심선의 시접을 완성선대로 접어서 시침으로 정리한다.
② 옷을 입었을 때 몸판 오른쪽에 위치하도록 단춧구멍을 시침실로 표시한다.
③ 시접 없이 재단된 단춧구멍 위에 단추를 시침으로 고정한다.

완성된 앞판의 형태

완성된 뒤판의 형태

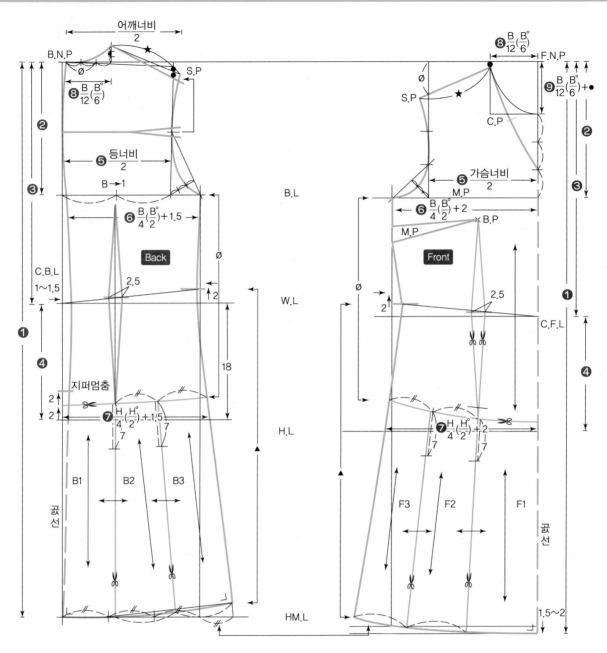

적용치수		제도설계 순서	
가슴둘레	84	뒤판(Back)	앞판(Front)
엉덩이둘레	92	❶ 원피스 길이 : 98	❶ 원피스 길이+차이치수
원피스 길이	98	❷ 진동깊이 : $\dfrac{B}{4}\left(\dfrac{B°}{2}\right)$	❷ 진동깊이 : $\dfrac{B}{4}\left(\dfrac{B°}{2}\right)$
등길이	38	❸ 등길이 : 38	❸ 앞길이(등길이+차이치수)
어깨너비	37	❹ 엉덩이 길이(H.L)	❹ 엉덩이 길이(H.L)
등너비	34	허리선(W.L)에서 18~20cm 아래로 내려줌	허리선(W.L)에서 18~20cm 아래로 내려줌
가슴너비	32	❺ $\dfrac{등너비}{2}$	❺ $\dfrac{가슴너비}{2}$
유두너비	18	❻ $\dfrac{B}{4}\left(\dfrac{B°}{2}\right)$ +1.5	❻ $\dfrac{B}{4}\left(\dfrac{B°}{2}\right)$ +2
유두길이	24	❼ $\dfrac{H}{4}\left(\dfrac{H°}{2}\right)$ +1.5	❼ $\dfrac{H}{4}\left(\dfrac{H°}{2}\right)$ +2 또는 뒤판의 사용량
앞길이	40.5	❽ 목둘레 $\dfrac{B}{12}\left(\dfrac{B°}{6}\right)$	❽ 목둘레 $\dfrac{B}{12}\left(\dfrac{B°}{6}\right)$ −가로
		❾ $\dfrac{B}{12}\left(\dfrac{B°}{6}\right)$ 의 $\dfrac{1}{3}$ 양	❾ 목둘레 $\dfrac{B}{12}\left(\dfrac{B°}{6}\right)$ +● −세로

■ 적용치수

B.N : 9
F.N : 11
칼라 너비 : 8

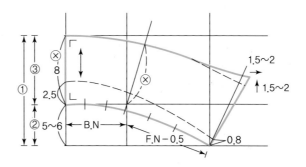

■ 적용치수

F.A.H : 23.5
B.A.H : 24.5
소매길이 : 56
소매단둘레 : 25

■ 제도설계 순서

❶ 소매길이 : 58

❷ 소매산 높이 : $\dfrac{A.H(F+B)}{3}$

❸ 팔꿈치선 : $\dfrac{소매길이}{2}$ +3~4

❹ F.A.H : 22.5

❺ 중심선 긋기

❻ B.A.H : 23.5

❼ 소매안선 그리기

❽ 소매산 그리기

❾ 중심선 이동(F→)

❿ 소매단둘레

⓫ 소매안선 실선 그리기

⓬ 밑다트 그리기

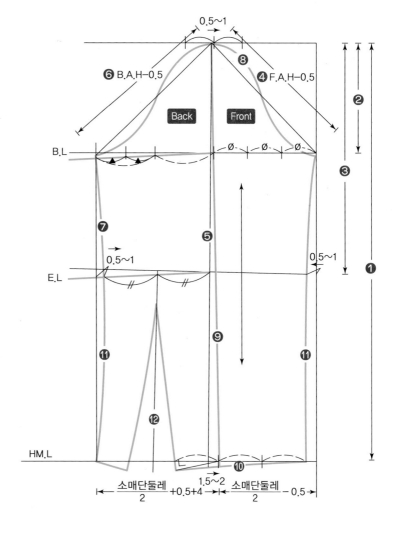

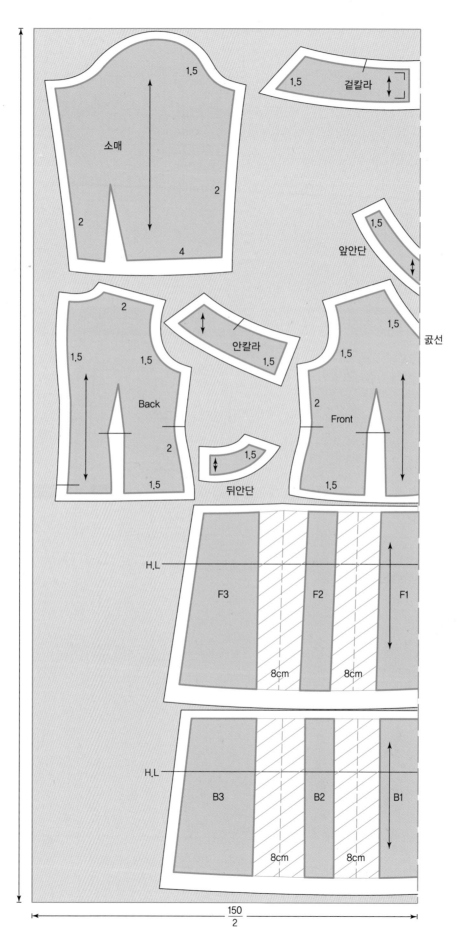

가봉시침 : 재단된 옷감의 시접을 접어 겉에서 상침(누름)시침한다.

(1) 소매(Sleeve) 제작

① 소매산에 시침실(목면사)로 잔홈질하여 이즈(Ease)양을 조절하여 오그림을 한다.

② 소매 밑다트 시접을 앞쪽으로 향하게 한 후 상침시침한다.

③ 소매의 안선은 소매 뒤판 시접을 접어 앞판 시접 위에 올려놓고 상침시침한다.

④ 소매의 밑단 완성선대로 시접을 접어올려 상침시침한다.

(2) 몸판(Bodice) 제작

1) 앞판(Front)

① 앞판의 다트시접을 중심 쪽으로 접어 상침시침한다.

② 스커트는 주름분을 중심 쪽으로 서로 마주보게 접은 후 7cm를 상침시침한다.

③ 앞판, 몸판 밑단 시접을 접어 스커트 시접 위에 올려놓고 상침시침한다.

2) 뒤판(Back)

① 뒷중심선 지퍼 위치는 남겨 놓고 상침시침한다.

② 뒤판의 다트 시접을 중심 쪽으로 접어 상침시침한다.

③ 스커트는 주름양을 중심 쪽으로 서로 마주보게 접은 후 상침시침한다.

④ 몸판 밑단 시접을 접어 스커트 시접 위에 올려놓고 상침시침한다.

⑤ 위의 몸판 허리선 시접을 접어 앞판 어깨선 시접 위에 올려놓고 상침시침한다.

⑥ 뒤판 어깨선 시접을 접어 앞판 어깨선 시접 위에 올려놓고 상침시침한다.

⑦ 뒤판 옆선 시접을 접어 앞판 옆선 시접 위에 올려놓고 상침시침한다.

⑧ 밑단은 시접을 완성선대로 접어올려 상침시침한다.

(3) 소매(Sleeve) 달기

소매산은 이즈(Ease)양을 조절하여 오그림한 소매의 중심점과 몸판의 S.P점을 맞추고 안쪽에서 홈질로 시침하여 달아준다(소매겉과 몸판겉이 마주보게).

(4) 칼라(Collar) 달기

칼라는 시접 없이 재단하여 몸판 목선 칼라 위치의 시접 위에 올려놓고 상침시침한다.

완성된 앞판의 형태

완성된 뒤판의 형태

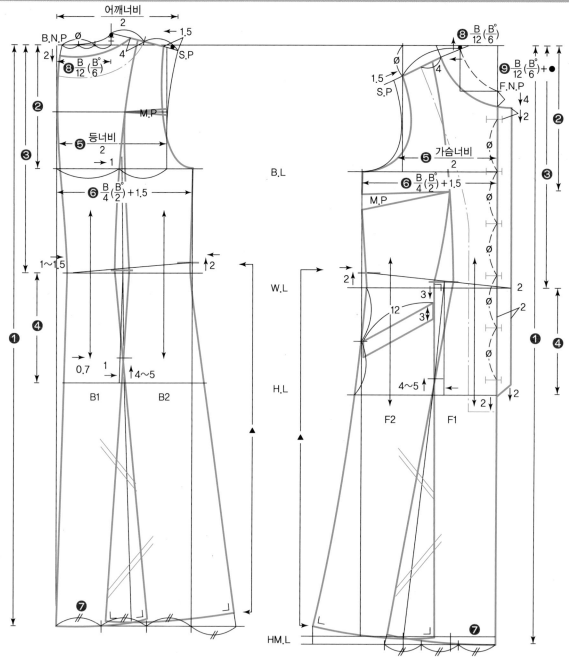

적용치수		제도설계 순서	
		뒤판(Back)	앞판(Front)
가슴둘레	84		
엉덩이둘레	92	❶ 원피스 길이 : 100	❶ 원피스 길이+차이치수
원피스 길이	100	❷ 진동깊이 : $\frac{B}{4}\left(\frac{B°}{2}\right)$	❷ 진동깊이 : $\frac{B}{4}\left(\frac{B°}{2}\right)$
등길이	38	❸ 등길이(38)	❸ 앞길이(등길이+차이치수)
어깨너비	37	❹ 엉덩이 길이(H.L)	❹ 엉덩이 길이(H.L)
등너비	34	허리선(W.L)에서 18~20cm 아래로 내려줌	허리선(W.L)에서 18~20cm 아래로 내려줌
가슴너비	32	❺ $\frac{등너비}{2}$	❺ $\frac{가슴너비}{2}$
유두너비	18	❻ $\frac{B}{4}\left(\frac{B°}{2}\right)+1.5$	❻ $\frac{B}{4}\left(\frac{B°}{2}\right)+1.5$
유두길이	24	❼ HM.C에서 3등분하여 사용	❼ 뒤판의 옆선길이 재서 옮기기
앞길이	40.5	❽ 목둘레 $\frac{B}{12}\left(\frac{B°}{6}\right)$	❽ 목둘레 $\frac{B}{12}\left(\frac{B°}{6}\right)$ −가로
		❾ $\frac{B}{12}\left(\frac{B°}{6}\right)$ 의 $\frac{1}{3}$ 양	❾ 목둘레 $\frac{B}{12}\left(\frac{B°}{6}\right)$ +● −세로

(1) 제도설계 방법 1

칼라 패턴(Bodice)의 N.I(F.B)을 확인하여 제도설계에 직접 적용하는 방법이다.

Tip 표기 ★은 라인이나 플랫의 누임 정도에 따라서 증감할 수 있다.

■ 적용치수

B.N : 12.5
F.N : 16.5
칼라 너비 : 8

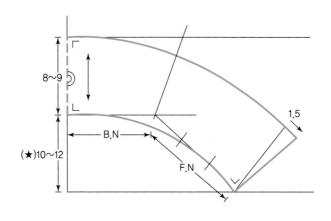

(2) 제도설계 방법 2

제도설계된 몸판(Bodice)의 패턴을 자른 후 옆 N.P를 맞추고 S.P(어깨끝)점을 2~3cm 겹친 후에 칼라 (Collar) 모양대로 제도설계한다.

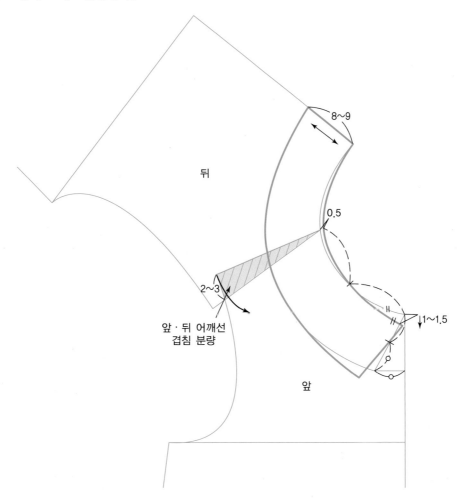

■ 적용치수

F.A.H : 22
B.A.H : 23
소매길이 : 58
커프스너비 : 3
손목둘레 : 18

■ 제도설계 순서

❶ 소매길이 : 58-3+여유량 1.5

❷ 소매산 높이 : $\dfrac{A.H(F.A.H+B.A.H)}{3}$

❸ 팔꿈치선(E.L) : $\dfrac{소매길이}{2}$ +3~4cm

❹ F.A.H : 22
❺ 중심선 긋기
❻ B.A.H : 23
❼ 소매 밑단에서 앞 · 뒤 각각 3cm 여유 두기
❽ 옆선 실선 긋기
❾ 소매 밑단선 긋기

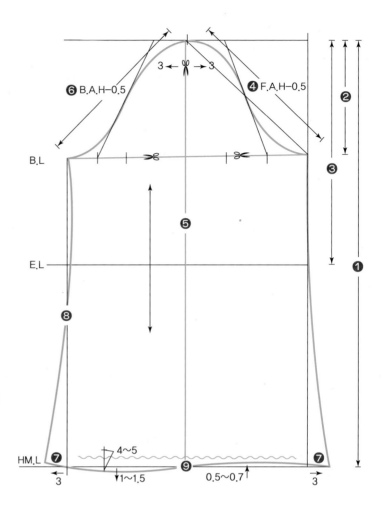

커프스 너비 : 3
손목둘레 : 18

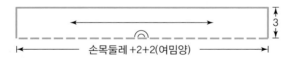

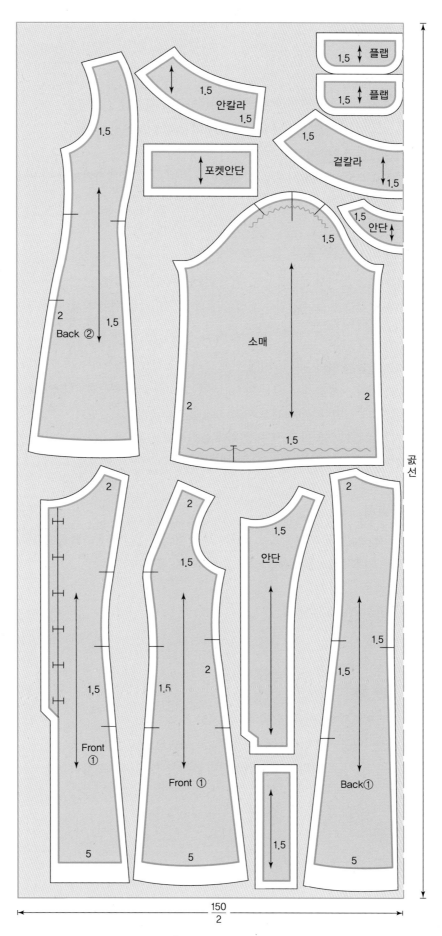

가봉시침 : 재단된 옷감의 시접을 접어 겉에서 상침(누름)시침한다.

(1) 소매(Sleeve) 제작

① 소매산은 목면사(시침)로 잔홈질하여 이즈(Ease)양을 조절한 후 오그림을 한다.

② 소매 안선은 뒷소매 시접을 접어 앞소매 시접 위에 올려놓고 상침시침한다.

③ 소매 밑단은 홈질하여 턱(주름)을 잡아준다.

④ 소매 밑단에 커프스(Cuffs)를 시접 없이 재단하여 소매 시접 위에 올려놓고 상침시침한다.

(2) 몸판(Bodice) 제작

1) 앞판(Front)

① 앞판 중심폭 시접을 접어서 패널폭 시접 위에 올려놓고 상침시침한다.

② 앞중심선 오른쪽 시접을 접어서 왼쪽 시접 위에 올려놓고 단추 위치(앞트임)를 표시한 후 상침시침한다.

2) 뒤판(Back)

① 뒤판 중심폭 시접을 접어서 패널폭 시접 위에 올려놓고 상침시침한다.

② 뒤판 중심선은 왼쪽 시접을 접어 오른쪽 시접 위에 올려놓고 상침시침한다.

③ 뒤판 어깨선 시접을 접어 앞판 어깨선 시접 위에 올려놓고 상침시침한다.

④ 뒤판 옆선 시접을 접어서 앞판 옆선 시접 위에 올려놓고 상침시침한다.

⑤ 밑단 시접을 완성선대로 접어올려서 상침시침한다.

(3) 소매(Sleeve) 달기

① 소매산의 이즈(Ease)양을 조절하여 오그림한 후 소매의 중심점과 몸판의 S.P점을 맞춘다.

② 몸판의 겉면과 소매의 겉면을 마주보게 놓고 안쪽에서 홈질시침한다.

(4) 칼라(Collar), 포켓(Pocket) 달기

칼라와 플랩(Flap)은 시접 없이 재단하여 몸판의 칼라와 플랩 위치에 각각 상침시침한다.

(5) 단춧구멍 및 단추 달기

① 옷을 입었을 때 오른쪽에 단춧구멍 위치를 표시한다.

② 시접 없이 재단된 단춧구멍 위에 단추를 올려놓고 시침으로 고정한다.

③ 앞중심선은 단추 위치(트임)의 시접을 완성선대로 접은 후 시침으로 정리한다.

완성된 앞판의 형태

완성된 뒤판의 형태

프렌치 슬리브
원피스 드레스
FRENCH SLEEVE
ONE-PIECE DRESS

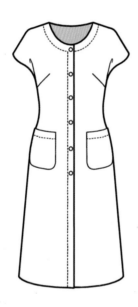

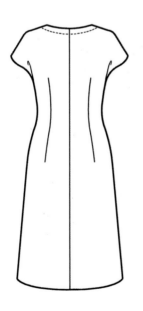

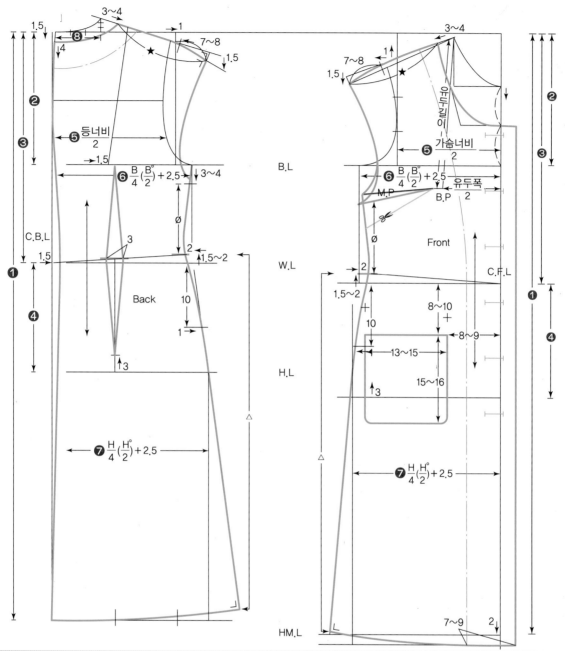

적용치수		제도설계 순서	
가슴둘레	84	**뒤판(Back)**	**앞판(Front)**
엉덩이둘레	92	❶ 원피△ 길이 : 90	❶ 원피스 길이+차이치수
원피스 길이	98	❷ 진동깊이 : $\frac{B}{4}\left(\frac{B°}{2}\right)$	❷ 진동깊이 : $\frac{B}{4}\left(\frac{B°}{2}\right)$
등길이	38	❸ 등길이 : 38	❸ 앞길이(등길이+차이치수)
어깨너비	37	❹ 엉덩이 길이(H.L)	❹ 엉덩이 길이(H.L)
등너비	34	허리선(W.L)에서 18~20cm 아래로 내려줌	허리선(W.L)에서 18~20cm 아래로 내려줌
가슴너비	32	❺ $\frac{등너비}{2}$	❺ $\frac{가슴너비}{2}$
유두너비	18	❻ $\frac{B}{4}\left(\frac{B°}{2}\right)+1.5$	❻ $\frac{B}{4}\left(\frac{B°}{2}\right)+2$
유두길이	24	❼ $\frac{H}{4}\left(\frac{H°}{2}\right)+1.5$ 또는 밑단의 $\frac{1}{3}$ 양	❼ $\frac{H}{4}\left(\frac{H°}{2}\right)+2$ 또는 뒤판의 사용량
앞길이	40.5	❽ 목둘레 $\frac{B}{12}\left(\frac{B°}{6}\right)$	❽ 목둘레 $\frac{B}{12}\left(\frac{B°}{6}\right)$ −가로
		❾ $\frac{B}{12}\left(\frac{B°}{6}\right)$ 의 $\frac{1}{3}$ 양	❾ 목둘레 $\frac{B}{12}\left(\frac{B°}{6}\right)+●$ −세로

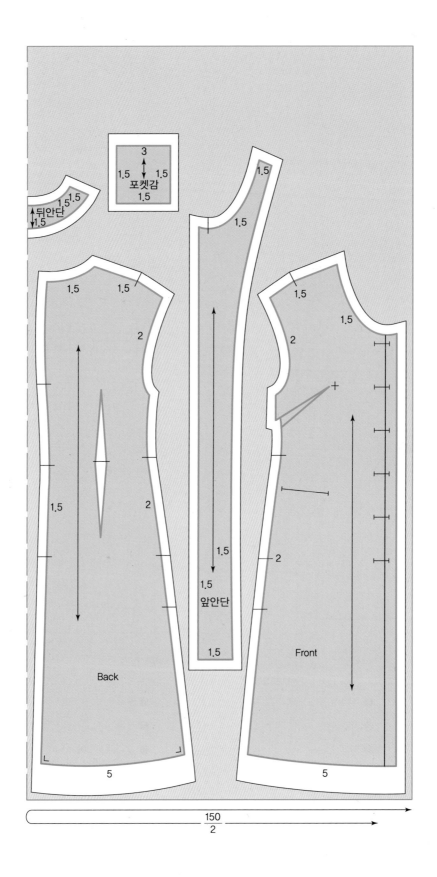

가봉시침 : 재단된 옷감의 겉에서 완성선대로 시접을 접은 후, 완성선을 맞추어 시접 위에 올려놓고 상침(누름)시
침을 한다.

(1) 몸판(Bodice) 제작

1) 앞판(Front)

① 앞판의 겉에서 다트양의 시접을 접은 후 상침시침한다.

② 포켓을 완성선대로 재단하여 포켓 위치에 올려놓고 상침시침한다.

2) 뒤판(Back)

① 다트 시접을 중심 쪽으로 향하게 하여 상침시침한다.

② 중심선은 착용했을 때 왼쪽 시접을 접어서 오른쪽 시접 위에 올려놓고 상침시침한다.

3) 앞판과 뒤판 연결

① 뒤판 어깨선 시접을 접은 후 앞판 어깨선 시접 위에 올려놓고 상침시침한다.

② 뒤판 옆선 시접을 완성선대로 접은 후 앞판 옆선 시접 위에 올려놓고 상침시침한다.

(2) 목선, 소매밑단 정리

목선과 소매밑단을 완성선대로 접은 후 상침시침한다.(이때 목선, 소매 밑단선이 늘어나지 않도록 주의
한다.)

(3) 앞중심선, 밑단 정리

① 앞중심선은 완성선대로 시접을 접어 넣고 상침시침한다.

② 밑단은 완성선대로 시접을 접어 올린 후 상침시침한다.

(4) 단춧구멍 위치 및 단추 달기

① 디자인에 적합하도록 시접 없이 단추를 재단한다.

② 옷을 착용했을 때 오른쪽에 단춧구멍 위치를 시침실로 표시한다.

③ 옷을 착용했을 때 오른쪽의 단춧구멍 위치에 적합하도록 단추를 단다.

플랫 칼라
점퍼 스커트
FLAT COLLAR
JUMPER SKIRT

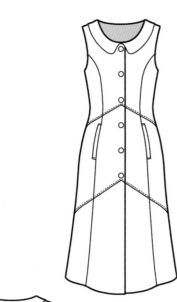

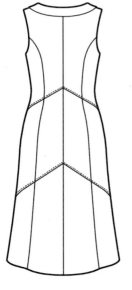

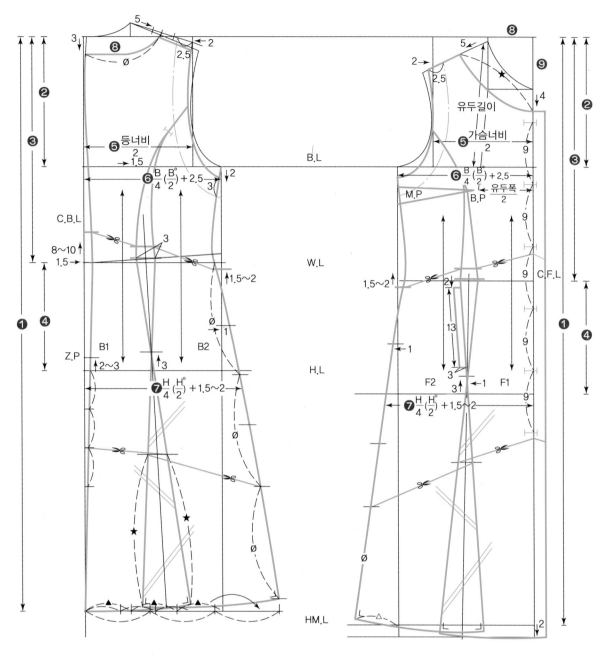

적용치수		제도설계 순서	
		뒤판(Back)	앞판(Front)
가슴둘레	84	❶ 원피스 길이 : 100	❶ 원피스 길이+차이치수
엉덩이둘레	92	❷ 진동깊이 : $\frac{B}{4}\left(\frac{B^\circ}{2}\right)$	❷ 진동깊이 : $\frac{B}{4}\left(\frac{B^\circ}{2}\right)$
원피스 길이	100	❸ 등길이 : 38	❸ 앞길이(등길이+차이치수)
등길이	38	❹ 엉덩이 길이(H.L)	❹ 엉덩이 길이(H.L)
어깨너비	37	허리선(W.L)에서 18~20cm 아래로 내려줌	허리선(W.L)에서 18~20cm 아래로 내려줌
등너비	34		
가슴너비	32	❺ $\frac{등너비}{2}$	❺ $\frac{가슴너비}{2}$
유두너비	18	❻ $\frac{B}{4}\left(\frac{B^\circ}{2}\right)$ +1.5	❻ $\frac{B}{4}\left(\frac{B^\circ}{2}\right)$ +2
유두길이	24	❼ $\frac{H}{4}\left(\frac{H^\circ}{2}\right)$ +1.5 또는 밑단의 $\frac{1}{3}$ 양	❼ $\frac{H}{4}\left(\frac{H^\circ}{2}\right)$ +2 또는 뒤판의 사용량
앞길이	40.5	❽ 목둘레 $\frac{B}{12}\left(\frac{B^\circ}{6}\right)$	❽ 목둘레 $\frac{B}{12}\left(\frac{B^\circ}{6}\right)$ −가로
		❾ $\frac{B}{12}\left(\frac{B^\circ}{6}\right)$ 의 $\frac{1}{3}$ 양	❾ 목둘레 $\frac{B}{12}\left(\frac{B^\circ}{6}\right)$ + ● −세로

■ **적용치수**

B.N(ø)
F.N(★)

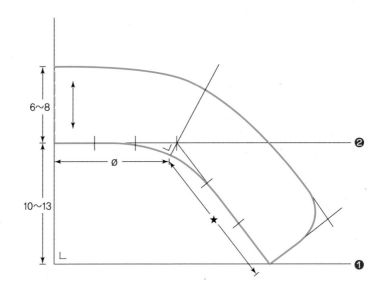

■ **제도설계 순서**

❶ 직각 선을 긋는다.

❷ 칼라 누임 정도에 따른 치수를 적용(10~13)한다.

❸ 칼라 너비(6~8) 디자인에 따라 크기가 다양하게 변화할 수 있다.

Tip N.L의 파임 정도와 디자인에 따라 칼라의 각도는 다양하게 적용하여 제도설계할 수 있다.

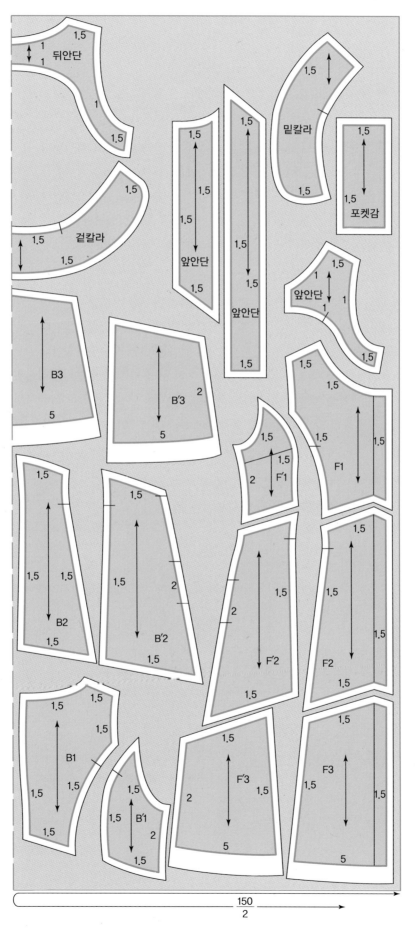

뒤안단

겉칼라

밑칼라

포켓감

앞안단

앞안단

앞안단

B3

B'3

F'1

F1

B2

B'2

F'2

F2

B1

B'1

F'3

F3

$$\frac{150}{2}$$

가봉시침 : 재단된 옷감의 겉에서 완성선대로 시접을 접은 후, 완성선을 맞추어 시접 위에 올려놓고 상침(누름)시침을 한다.

(1) 몸판(Bodice) 제작

1) 앞판(Front)

① 앞판 F'_1의 시접을 완성선대로 접은 후, F_1의 시접 위에 올려놓고 상침시침한다.

② 앞판 F'_2의 시접을 완성선대로 접은 후, F_2의 시접 위에 올려놓고 상침시침한다.

③ 앞판 F'_3의 시접을 완성선대로 접은 후, F_3의 시접 위에 올려놓고 상침시침한다.

④ 완성된 앞판 F_2의 시접을 접어, F_1의 시접 위에 올려놓고 상침시침한다.

⑤ 완성된 앞판 F_3의 시접을 접어, F_2의 시접 위에 올려놓고 상침시침한다.

2) 뒤판(Back)

① 앞판 B'_1의 시접을 완성선대로 접은 후, B_1의 시접 위에 올려놓고 상침시침한다.

② 앞판 B'_2의 시접을 완성선대로 접은 후, B_2의 시접 위에 올려놓고 상침시침한다.

③ 앞판 B'_3의 시접을 완성선대로 접은 후, B_3의 시접 위에 올려놓고 상침시침한다.

④ 완성된 앞판 B_2의 시접을 접어, B_1의 완성선을 맞추어 시접 위에 올려놓고 상침시침한다.

⑤ 완성된 앞판 B_3의 시접을 접어, B_2의 완성선을 맞추어 시접 위에 올려놓고 상침시침한다.

⑥ 완성된 뒤판은 착용했을 때 왼쪽 시접을 접어 오른쪽 시접 위에 올려놓고 상침시침한다.

3) 앞판과 뒤판 연결

① 완성된 뒤판의 어깨선을 접어서 앞판 완성선을 맞추어 올려놓고 상침시침한다.

② 완성된 뒤판 옆선 시접을 접은 후 앞판 옆선 시접 위에 올려놓고 상침시침한다.

4) 칼라 달기

① 칼라를 시접 없이 완성선대로 재단한다.

② 재단된 칼라를 몸판의 목선 칼라 위치에 맞추어 시접 위에 올려놓고 상침시침한다.

5) 앞중심선, 밑단 정리

① 앞중심선을 완성선대로 시접을 접어 넣고 상침시침한다.

② 밑단은 완성선대로 시접을 접어 올린 후 상침시침한다.

6) 단춧구멍 및 단추 달기

① 디자인에 적합하도록 시접 없이 단추를 재단한다.

② 옷을 착용했을 때 오른쪽에 단춧구멍 위치를 시침실로 표시한다.

③ 옷을 착용했을 때 오른쪽의 단춧구멍 위치에 맞추어 단추를 단다.

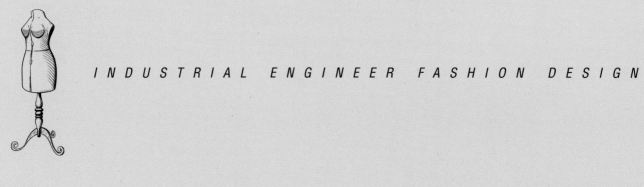

INDUSTRIAL ENGINEER FASHION DESIGN

12

베스트 & 재킷
Vest & Jacket

재킷은 본래 남성복 슈트에서 유래되었으며, 테일러드 재킷은 가장 격식을 갖춘 기본 재킷 중의 하나이다.

롱
베스트
LONG VEST

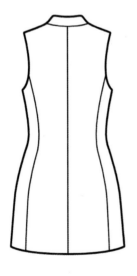

인체를 적절히 피트시키는 패널라인으로 엉덩이를 덮는 길이의 베스트이다.

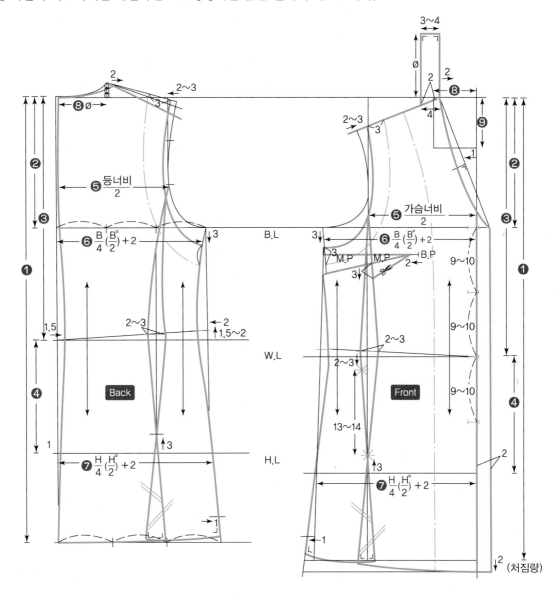

적용치수		제도설계 순서	
		뒤판(Back)	앞판(Front)
가슴둘레	84	❶ 원피스 길이 : 70	❶ 원피스 길이+차이치수
엉덩이둘레	92	❷ 진동깊이 : $\frac{B}{4}\left(\frac{B°}{2}\right)$	❷ 진동깊이 : $\frac{B}{4}\left(\frac{B°}{2}\right)$
베스트 길이	70	❸ 등길이 : 38	❸ 앞길이(등길이+차이치수)
등길이	38	❹ 엉덩이 길이(H.L)에서	❹ 엉덩이 길이(H.L)에서
어깨너비	37	허리선(W.L)에서 18~20cm 아래로 내려줌	허리선(W.L)에서 18~20cm 아래로 내려줌
등너비	34		
가슴너비	32	❺ $\frac{등너비}{2}$	❺ $\frac{가슴너비}{2}$
유두너비	18	❻ $\frac{B}{4}\left(\frac{B°}{2}\right)+1.5$	❻ $\frac{B}{4}\left(\frac{B°}{2}\right)+2$
유두길이	24	❼ $\frac{H}{4}\left(\frac{H°}{2}\right)+1.5$ 또는 밑단의 $\frac{1}{3}$ 양	❼ $\frac{H}{4}\left(\frac{H°}{2}\right)+2$ 또는 뒤판의 사용량
앞길이	40.5	❽ 목둘레 $\frac{B}{12}\left(\frac{B°}{6}\right)$	❽ 목둘레 $\frac{B}{12}\left(\frac{B°}{6}\right)$ −가로
		❾ $\frac{B}{12}\left(\frac{B°}{6}\right)$ 의 $\frac{1}{3}$ 양	❾ 목둘레 $\frac{B}{12}\left(\frac{B°}{6}\right)+●$ −세로

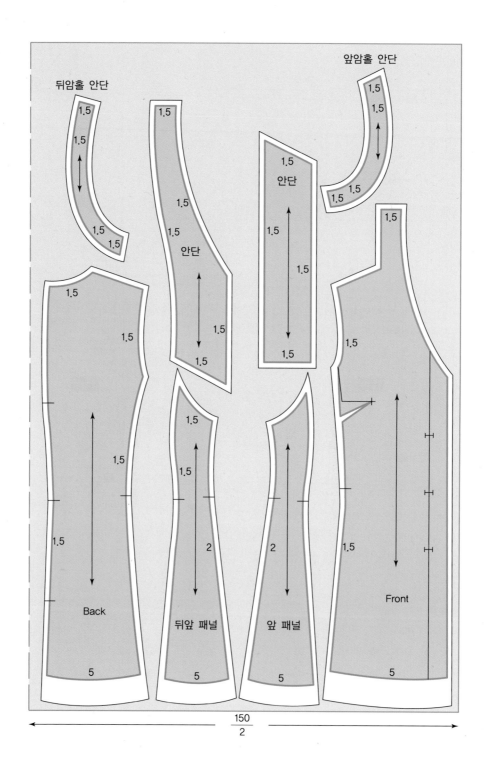

뒤암홀 안단

앞암홀 안단

1.5
1.5

1.5
1.5

1.5
1.5

1.5
1.5

1.5
1.5

1.5
안단
1.5
1.5

1.5

1.5
안단
1.5

1.5

1.5

1.5

1.5

1.5
1.5

1.5

1.5
1.5

1.5
1.5

2

2

1.5

1.5

Back

뒤앞 패널

앞 패널

Front

5

5

5

5

$\dfrac{150}{2}$

가봉시침 : 재단된 옷감의 겉에서 완성선대로 시접을 접은 후, 완성선을 맞추어 시접 위에 올려놓고 상침(누름)시
침을 한다.

(1) 몸판(Bodice) 제작

1) 앞판(Front)

① 앞판의 작은 다트를 접은 후, 상침시침한다.
② 앞판의 패널폭의 시접을 접은 후, 중심폭 시접에 올려놓고 상침시침한다.

2) 뒤판(Back)

① 뒤판의 패널폭의 시접을 접은 후, 중심폭 시접에 올려놓고 상침시침한다.
② 뒤중심선은 왼쪽 시접을 접은 후, 오른쪽 시접 위에 올려놓고 상침시침한다.

3) 앞판과 뒤판 연결

① 뒤판 어깨선을 완성선대로 접은 후, 앞판 어깨선 시접 위에 올려놓고 상침시침한다.
② 뒤판 옆선 시접을 접어 앞판 시접 위에 올려놓고 상침시침한다.(이때 포켓 위치를 표시한다.)

4) 목선, 암홀선 정리

목선과 암홀선의 시접을 접은 후, 상침으로 시침한다.(이때 곡선이므로 늘어나지 않도록 주의한다.)

5) 앞중심선, 밑단 정리

① 앞중심선은 완성선대로 시접을 접어넣고 상침시침한다.
② 밑단은 완성선대로 시접을 접어 올린 후 상침시침한다.

6) 단춧구멍 및 단추 달기

① 디자인에 적합하도록 시접 없이 단추를 재단한다.
② 옷을 착용했을 때 오른쪽에 단춧구멍 위치를 시침실로 표시한다.
③ 옷을 착용했을 때 오른쪽의 단춧구멍 위치에 적합하도록 단추를 단다.

솔 칼라 래글런
슬리브 재킷

SHAWI COLLAR RAGLAN
SLEEVE JACKET

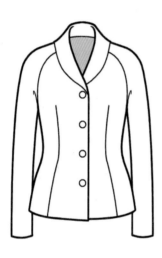

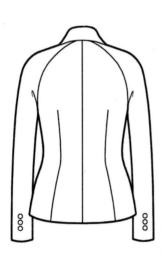

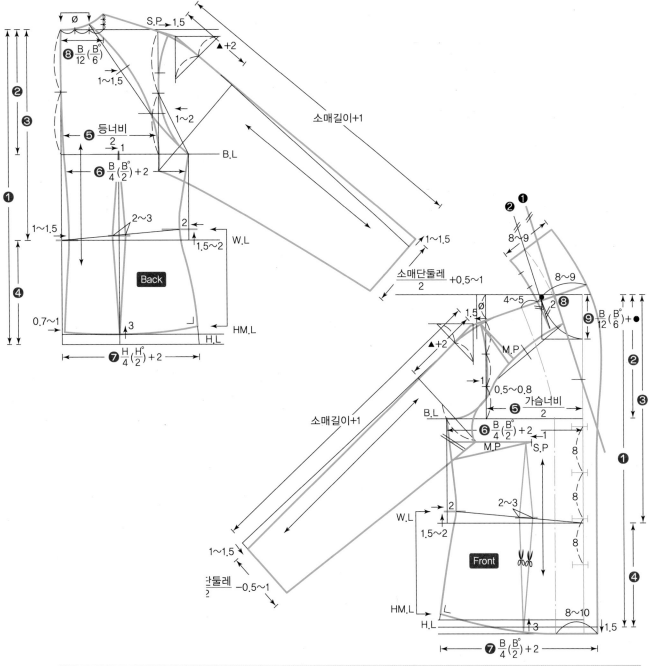

적용치수		제도설계 순서	
		뒤판(Back)	앞판(Front)
가슴둘레	84	❶ 재킷 길이	❶ 재킷 길이(55)+차이치수(3cm)
엉덩이둘레	92	❷ 진동깊이 : $\frac{B}{4}\left(\frac{B°}{2}\right)+1$	❷ 진동깊이 : $\frac{B}{4}\left(\frac{B°}{2}\right)+1$
재킷 길이	55		
등길이	38	❸ 등길이 : 38	❸ 앞길이(41) 또는 등길이+차이치수
어깨너비	37	❹ 엉덩이 길이(H.L)	❹ 엉덩이 길이(H.L)
등너비	34	허리선(W.L)에서 18~20cm 아래로 내려줌	허리선(W.L)에서 18~20cm 아래로 내려줌
가슴너비	32	❺ $\frac{등너비}{2}$	❺ $\frac{가슴너비}{2}$
유두너비	18	❻ $\frac{B}{4}\left(\frac{B°}{2}\right)+1.5$	❻ $\frac{B}{4}\left(\frac{B°}{2}\right)+2$
유두길이	24	❼ $\frac{H}{4}\left(\frac{H°}{2}\right)+1.5$ 또는 밑단의 $\frac{1}{3}$ 양	❼ $\frac{H}{4}\left(\frac{H°}{2}\right)+2$ 또는 뒤판의 사용량
앞길이	40.5	❽ 목둘레 $\frac{B}{12}\left(\frac{B°}{6}\right)$	❽ 목둘레 $\frac{B}{12}\left(\frac{B°}{6}\right)$ −가로
		❾ $\frac{B}{12}\left(\frac{B°}{6}\right)$ 의 $\frac{1}{3}$ 양	❾ 목둘레 $\frac{B}{12}\left(\frac{B°}{6}\right)$ + ● −세로

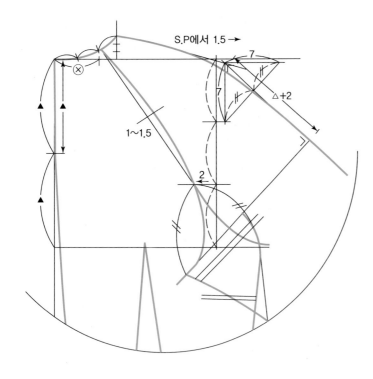

■ 뒤판 슬리브 각도 설정방법

• S.P(어깨점)에서 1.5cm 나간 후 뒷중심선과 평행선을 긋고 그선과 직각이 되게 하여 각 이등분한다.

• 디자인에 따라 각도(소매기울기)와 소매산에 해당되는 (△+2)를 응용 전개할 수 있다.

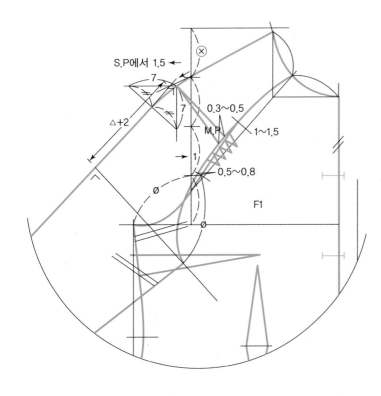

■ 앞판 슬리브 각도 설정방법

• S.P(어깨점)에서 1.5cm 나간 후 앞중심선과 평행선을 긋고 그선과 직각이 되게 하여 각 이등분한다.

• 꼭짓점과 이등분점을 직선 연결하여 소매 길이를 설정한다.

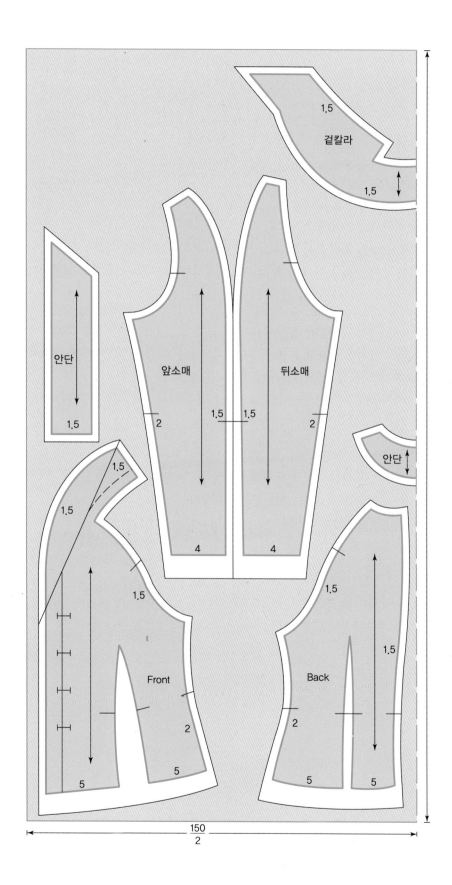

가봉시침 : 재단된 옷감에 시접을 걸어서 접어 상침(누름)시침을 기본으로 한다.

(1) 몸판(Bodice) 제작

1) 앞판(Front)

① 앞판 다트(Dart) 시접을 중심 쪽으로 접은 후 상침시침한다.

② 앞판 소매시접을 접어 몸판시접 위에 올려놓고 상침시침한다.

2) 뒤판(Back)

① 뒤판 다트(Dart) 시접을 중심 쪽으로 접은 후 상침시침한다.

② 뒷중심선은 왼쪽 시접을 접어 오른쪽 시접 위에 올려놓고 상침시침한다.

③ 뒤판 소매시접을 접어 몸판 시접 위에 올려놓고 상침시침한다.

(2) 몸판의 앞판 · 뒤판 연결

① 뒤판 소매중심선의 시접을 접어서 앞판 소매중심선의 시접 위에 올려놓고 상침시침한다.

② 뒤판 옆선 시접을 접어 앞판 옆선 시접 위에 올려놓고 소매 끝까지 상침시침한다.

③ 몸판 밑단과 소매 밑단의 시접은 완성선대로 접어올려 상침시침한다.

(3) 칼라(Collar) 달기

① 칼라의 안쪽에서 칼라의 중심선을 먼저 상침시침한다.

② 칼라 시접을 접어서 몸판 목선 시접 위에 올려놓고 상침시침한다.

③ 앞판의 중심선 시접부터 칼라의 시접을 접어서 상침시침으로 정리한다.

(4) 단춧구멍 및 단추 달기

① 단춧구멍은 옷을 입었을 때 오른쪽에 위치하도록 시침실로 표시한다.

② 단추는 시접 없이 재단한 단춧구멍 위에 올려놓고 상침시침으로 고정한다.

완성된 측면의 형태

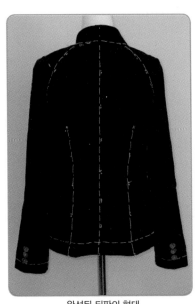

완성된 뒤판의 형태

완성된 앞판의 형태

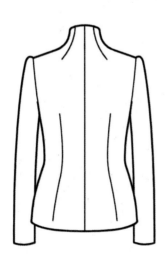

하이넥 칼라 재킷

HIGH NECK COLLAR
JACKET

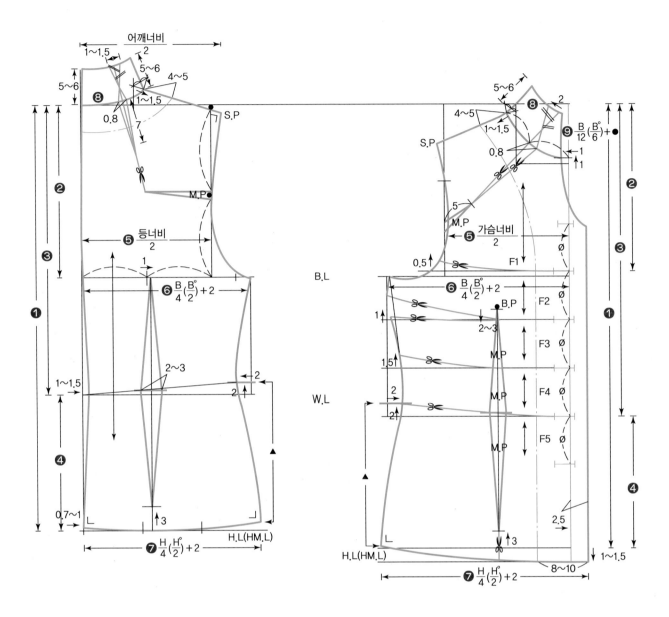

적용치수		제도설계 순서	
		뒤판(Back)	앞판(Front)
가슴둘레	84	❶ 재킷 길이	❶ 재킷 길이(60)+차이치수
엉덩이둘레	92		
재킷 길이	56	❷ 진동깊이 $\frac{B}{4}\left(\frac{B^\circ}{2}\right)+1$	❷ 진동깊이 $\frac{B}{4}\left(\frac{B^\circ}{2}\right)+1$
등길이	38	❸ 등길이(38)	❸ 앞길이(등길이+차이치수)
어깨너비	37	❹ 엉덩이 길이(H.L)	❹ 엉덩이 길이(H.L)
등너비	34	허리선(W.L)에서 18~20cm 아래로 내려줌	허리선(W.L)에서 18~20cm 아래로 내려줌
가슴너비	32	❺ $\frac{등너비}{2}$	❺ $\frac{가슴너비}{2}$
유두너비	18	❻ $\frac{B}{4}\left(\frac{B^\circ}{2}\right)+2$	❻ $\frac{B}{4}\left(\frac{B^\circ}{2}\right)+2$
유두길이	24	❼ $\frac{H}{4}\left(\frac{H^\circ}{2}\right)+2$	❼ $\frac{H}{4}\left(\frac{H^\circ}{2}\right)+2$
앞길이	40.5	❽ 목둘레 $\frac{B}{12}\left(\frac{B^\circ}{6}\right)$	❽ 목둘레 $\frac{B}{12}\left(\frac{B^\circ}{6}\right)-$가로
		❾ $\frac{B}{12}\left(\frac{B^\circ}{6}\right)$ 의 $\frac{1}{3}$ 양	❾ 목둘레 $\frac{B}{12}\left(\frac{B^\circ}{6}\right)+$● $-$세로

■ **적용치수**

F.A.H : 22.5
B.A.H : 23.5
소매길이 : 58
소매구(둘레) : 25

■ **제도설계 순서**

❶ 소매길이 : 58

❷ 소매산 높이 : $\dfrac{A.H(F+B)}{3}$

❸ 팔꿈치선 : $\dfrac{소매길이}{2} + 3{\sim}4$

❹ F.A.H : 22.5

❺ 중심선 긋기

❻ B.A.H : 23.5

❼ 소매안선 그리기

❽ 소매산 그리기

❾ 중심선 이동(F→)

❿ 소매단둘레

⓫ 소매안선 실선 그리기

⓬ 밑다트 그리기

Tip 소매단둘레 계산식

★-소매단둘레(25)=▲라면 ▲을 P 의 위치에서 빼고 남은 양이 구하고 자 하는 소매단둘레(25)의 치수이다.

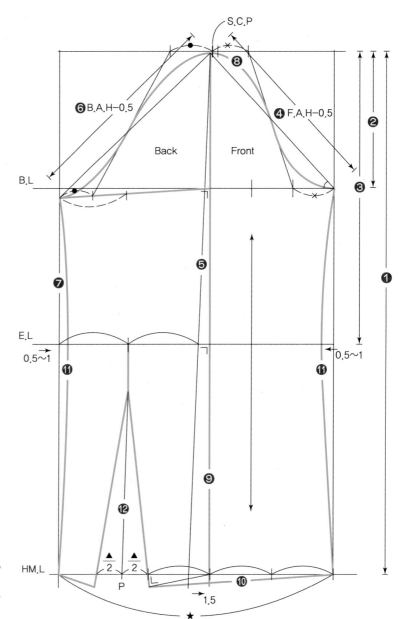

■ **뒤판 목선 각도 설정방법**

N.P에서 어깨선과 직각을 그린 후에 각 이등분하여 꼭짓점과 이등분점을 직선 연결하여 네크라인의 각도를 설정한 후 디자인에 따른 칼라 높이를 그려준다.

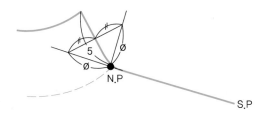

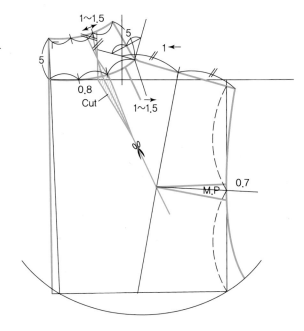

■ **앞판 목선 각도 설정방법**

N.P에서 어깨선과 직각을 그린다. 직각을 삼등분하여 꼭짓점과 삼등분점을 직선 연결한다. 이렇게 직선 연결을 한 후에 디자인에 따른 칼라 높이를 설정한다.

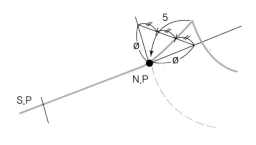

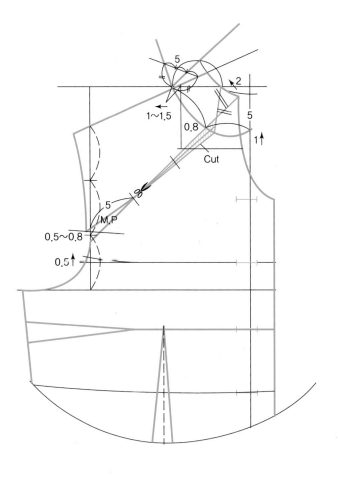

■ 뒤판 다트 길이 설정 방법

뒤판 다트 길이는 목선에서 6~8cm 정도로 설정한다.

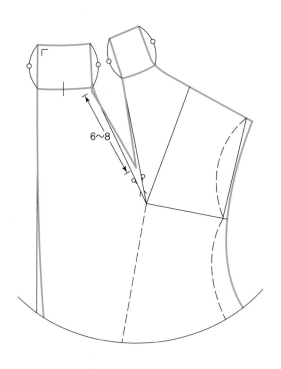

■ 앞판 다트 길이 설정 방법

앞판 다트 길이는 목선에서 겨드랑이 선까지의 길이에서 $\dfrac{1}{3}$ 정도 또는 이등분 정도 길이에서 설정한다.

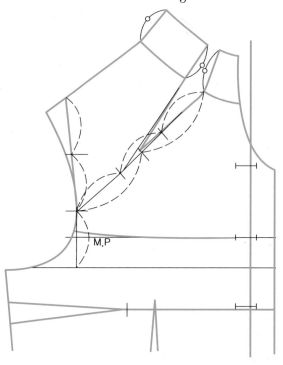

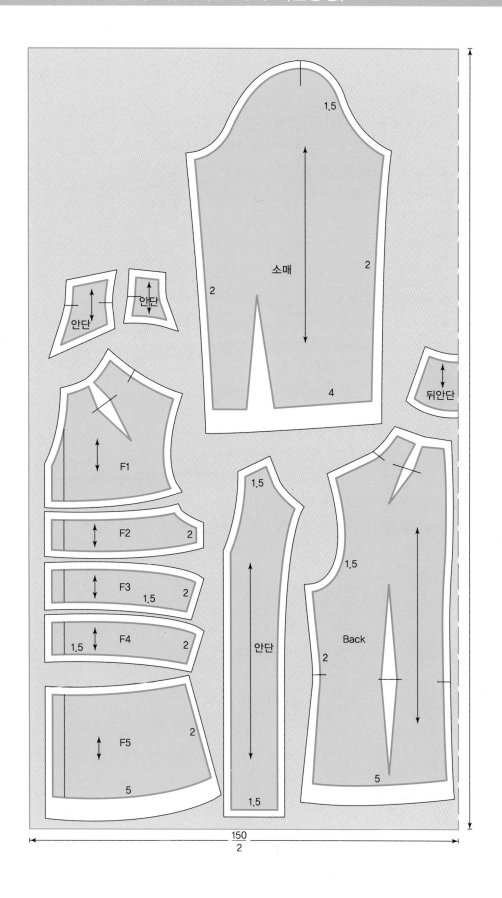

가봉시침 : 재단된 옷감의 시접을 접어 걸어서 사침(누름)시침을 기본으로 한다.

(1) 소매(Sleeve) 제작

① 소매 다트(Dart) 시접을 중심 쪽으로 접어놓고 겉에서 상침시침한다.

② 소매산은 시침실로 잔홈질하여 이즈(Ease)양을 조절하여 오그림한다.

③ 소매 안선은 뒷소매 시접을 접어 앞소매 시접 위에 올려놓고 상침시침한다.

④ 소매 밑단은 완성선대로 시접을 접어 올려 상침시침한다.

(2) 몸판(Bodice) 제작

1) 앞판(Front)

① 앞판 목둘레선 다트 시접을 중심 쪽으로 접은 후 상침시침한다.

② 앞판 몸판 F1의 시접을 접어 F2의 시접 위에 올려놓고 F2의 시접을 접어 F3의 시접 위에 올려놓는다. F3의 시접을 접어 F4의 시접 위에 올려놓고 F4의 시접을 접어서 F5의 시접 위에 올려놓은 후 각각 상침시침한다.(F1 → F2 → F3 → F4 → F5)

2) 뒤판(Back)

① 뒤판 네크라인 다트 시접을 중심 쪽으로 접은 후 상침시침한다.

② 허리 다트(Dart) 시접을 중심 쪽으로 접은 후 상침시침한다.

③ 뒤판의 중심선은 왼쪽 시접을 접어서 오른쪽 시접 위에 올려놓고 상침시침한다.

④ 뒤판 어깨선 시접을 접어서 앞판 어깨선 시접 위에 올려놓고 상침시침한다.

⑤ 옆선은 뒤판 시접을 접어 앞판 시접 위에 올려놓고 상침시침한다.

⑥ 몸판의 밑단 시접을 완성선대로 접어 올려서 상침시침한다.

(3) 소매(Sleeve) 달기

① 소매산의 이즈(Ease)양을 조절하여 오그림한 후 소매의 중심점과 몸판의 S.P점을 맞춘다.

② 몸판 겉과 소매겉을 마주놓고 안쪽에서 홈질시침한다.

(4) 단춧구멍 및 단추 달기

① 앞중심선을 완성선대로 시접을 접어 시침으로 정리한다.

② 단춧구멍은 입었을 때 오른쪽에 시침실로 표시하고, 단춧구멍 위에 단추를 올려놓고 상침시침한다.

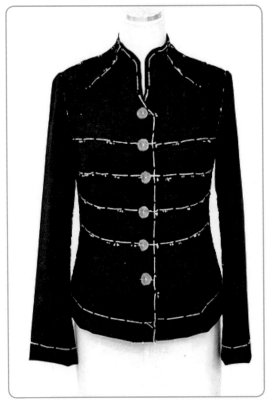

완성된 앞판의 형태

완성된 뒤판의 형태

완성된 측면의 형태

수티앵 or 하프 롤 칼라 재킷

SOUTIEN & HALF ROLL
COLLAR JACKET

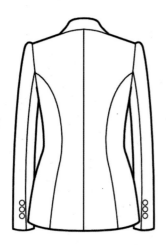

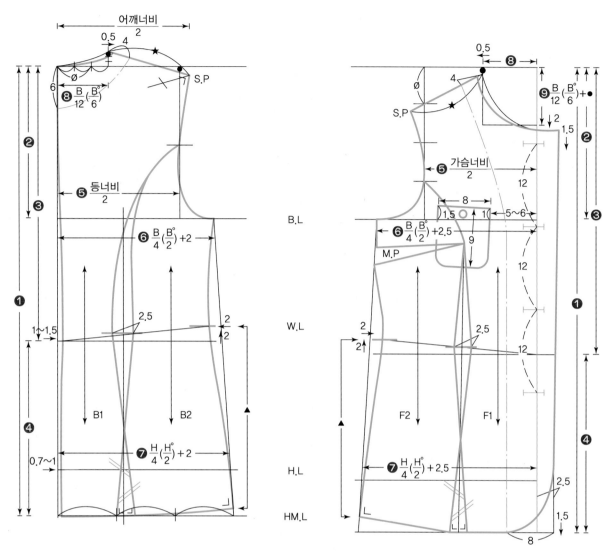

적용치수		제도설계 순서	
		뒤판(Back)	앞판(Front)
가슴둘레	84	❶ 재킷 길이 : 65	❶ 재킷 길이(60)+차이치수
엉덩이둘레	92	❷ 진동깊이 : $\frac{B}{4}\left(\frac{B^\circ}{2}\right)+1$	❷ 진동깊이 : $\frac{B}{4}\left(\frac{B^\circ}{2}\right)+1$
재킷 길이	65	❸ 등길이 : 38	❸ 앞길이(등길이+차이치수)
등길이	38	❹ 엉덩이 길이(H.L)	❹ 엉덩이 길이(H.L)
어깨너비	37	허리선(W.L)에서 18~20cm 아래로 내려줌	허리선(W.L)에서 18~20cm 아래로 내려줌
등너비	34	❺ $\frac{등너비}{2}$	❺ $\frac{가슴너비}{2}$
가슴너비	32	❻ $\frac{B}{4}\left(\frac{B^\circ}{2}\right)+2$	❻ $\frac{B}{4}\left(\frac{B^\circ}{2}\right)+2$
유두너비	18	❼ $\frac{H}{4}\left(\frac{H^\circ}{2}\right)+2$	❼ $\frac{H}{4}\left(\frac{H^\circ}{2}\right)+2$
유두길이	24	❽ 목둘레 $\frac{B}{12}\left(\frac{B^\circ}{6}\right)$	❽ 목둘레 $\frac{B}{12}\left(\frac{B^\circ}{6}\right)$ −가로
앞길이	40.5	❾ $\frac{B}{12}\left(\frac{B^\circ}{6}\right)$ 의 $\frac{1}{3}$ 양	❾ 목둘레 $\frac{B}{12}\left(\frac{B^\circ}{6}\right)$ + ● −세로

■ 적용치수

B.N(ø)
F.N(★)

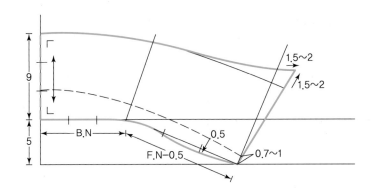

■ SECTION | 재킷 소매(Two Piece Sleeve) 제도설계

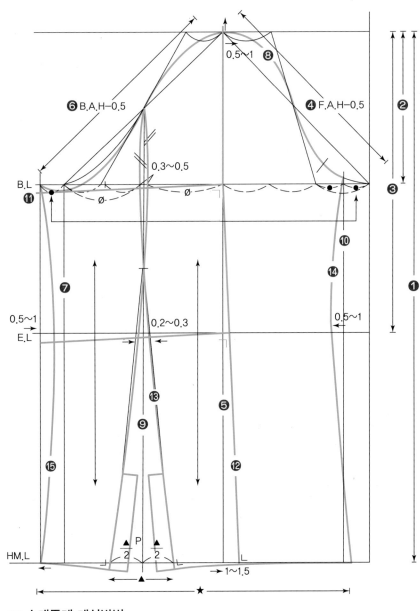

■ 적용치수

F.A.H : 23
B.A.H : 24
소매길이 : 57
소매단둘레 : 25

■ 제도설계 순서

❶ 소매길이

❷ 소매산 : $\dfrac{F.A.H+B.A.H}{3}$

❸ 팔꿈치선(E.L)

$\dfrac{소매길이}{2}$ +3~4cm

❹ F.A.H−0.5

❺ 중심선 직선 내려긋기(기준선)

❻ B.A.H−0.5

❼ 옆선 직선 내려긋기(기준선)

❽ 소매산 곡선 그리기

❾ 뒤판 절개선 설정 후 직선 내려 긋기

❿ 앞판 절개선 설정 후 직선 내려 긋기

⓫ 앞판 소매 절개분량 뒤로 옮겨 붙여 그리기(기준선)

⓬ 중심선 이동(F →)하고 직선 내려 긋기

⓭ 소매 뒤판 절개선 실선 그리기

⓮ 소매 안선 앞판 실선 그리기

⓯ 소매 안선 뒤판 실선 그리기

⓰ 밑단선 그리기

Tip 소매둘레 계산방법

■ −소매둘레(25)=▲라면 ▲을 P의 위치에서 빼고 남은 양이 구하고자 하는 소매단둘레(25) 치수이다.

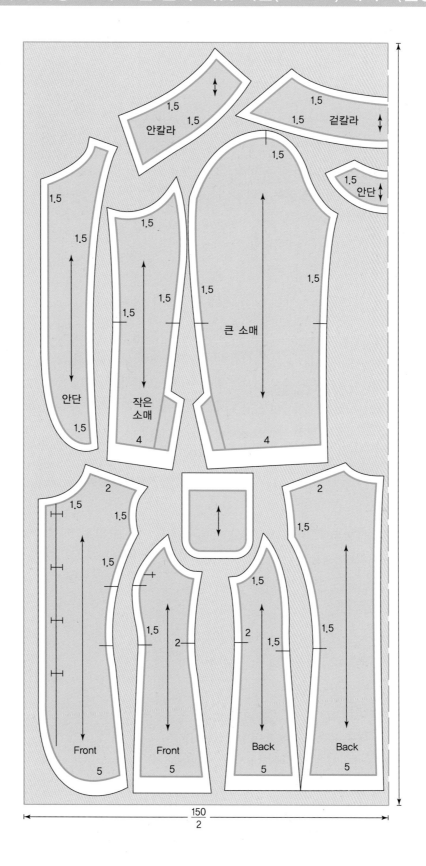

안칼라 1.5 1.5

겉칼라 1.5 1.5

안단 1.5

1.5 1.5

1.5

1.5

1.5 1.5 1.5

큰 소매 1.5

안단

작은 소매

1.5 1.5 1.5

4 4

2 2

1.5 1.5

1.5 1.5

1.5 1.5

2 2 1.5

1.5

Front 5 Front 5 Back 5 Back 5

150
───
2

가봉시침 : 재단된 옷감의 시접을 접어 겉에서 상침(누름)시침을 기본으로 한다.

(1) 소매(Sleeve) 제작

① 큰 소매 시접을 접어 작은 소매 시접 위에 올려놓고 상침시침한다.
② 소매산은 시침실로 잔홈질하여 이즈(Ease)양을 조절하며 오그림한다.
③ 소매 앞선은 큰 소매 시접을 접어 작은 소매 시접 위에 올려놓고 상침시침한다.
④ 소매 밑단은 완성선대로 시접을 접어 올려 상침시침한다.

(2) 몸판(Bodice) 제작

1) 앞판(Front)

패널폭 시접을 접어서 앞판 중심폭 시접 위에 올려놓고 상침시침한다.

2) 뒤판(Back)

① 뒤판 중심선은 왼쪽 시접을 접어 오른쪽 시접 위에 올려놓고 상침시침한다.
② 뒤판 패널폭 시접을 접어서 뒤판 중심폭 시접 위에 올려놓고 상침시침한다.
③ 뒤판 어깨선 시접을 접어 앞판 어깨선 시접 위에 올려놓고 상침시침한다.
④ 뒤판 옆선 시접을 접어 앞판 옆선 시접에 올려놓고 상침시침한다.
⑤ 몸판 밑단 시접을 완성선대로 접어 올려 상침시침한다.

(3) 소매(Sleeve) 달기

① 소매산의 이즈(Ease)양을 조절하며 오그림한 소매의 중심점과 몸판의 S.P점을 맞춘다.
② 몸판의 겉과 소매 겉을 마주놓고 안쪽에서 시침(홈질)으로 달아준다.

(4) 칼라(Collar) 포켓 달기

① 칼라는 시접 없이 재단하여 칼라 위치에 올려놓고 상침시침한다.
② 포켓은 시접 없이 재단 포켓 위치에 상침시침으로 달아준다.

(5) 단춧구멍 및 단추 달기

① 앞중심선은 완성선대로 시접을 접어서 상침시침한다.
② 단춧구멍은 옷을 입었을 때 오른쪽에 시침실로 표시한다.
③ 단추는 시접 없이 재단한 단춧구멍 위에 올려놓고 상침시침한다.

완성된 수티앵 or 하프 롤 칼라 재킷

완성된 측면의 형태

완성된 뒤판의 형태

완성된 앞판의 형태

수티앵 or 하프 롤
칼라 페플럼 재킷

SOUTIEN & HALF ROLL
COLLAR PEPLUM JACKET

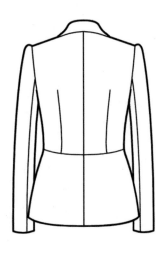

페플럼 재킷(Peplum Jacket)은 허리선을 절개한 후 허리선에서 밑단까지의 길이이며 밑단에 플레어를 넣을 수 있는 디자인이다. 부드러운 선을 이루며 여성스럽게 보이는 디자인으로 젊은 여성들에게 잘 어울려 즐겨 입을 수 있는 아이템 중 하나이다.

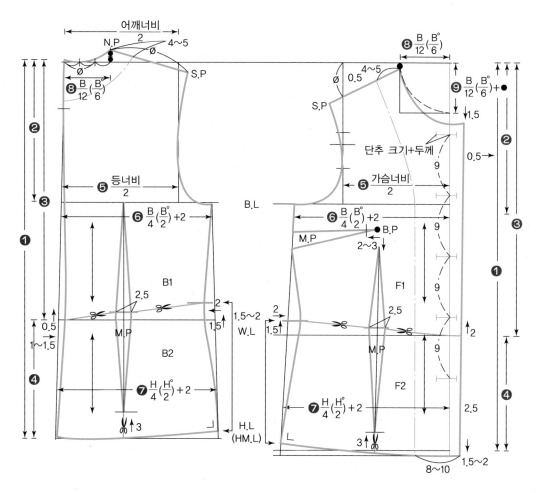

적용치수		제도설계 순서	
		뒤판(Back)	**앞판(Front)**
가슴둘레	84	❶ 재킷 길이	❶ 재킷 길이(58)+차이치수
엉덩이둘레	92	❷ 진동깊이 $\frac{B}{4}\left(\frac{B°}{2}\right)+1$	❷ 진동깊이 $\frac{B}{4}\left(\frac{B°}{2}\right)+1$
재킷 길이	58	❸ 등길이(38)	❸ 앞길이(등길이+차이치수)
등길이	38	❹ 엉덩이 길이(H.L)	❹ 엉덩이 길이(H.L)
어깨너비	37	허리선(W.L)에서 18~20cm 아래로 내려줌	허리선(W.L)에서 18~20cm 아래로 내려줌
등너비	34	❺ $\frac{등너비}{2}$	❺ $\frac{가슴너비}{2}$
가슴너비	32	❻ $\frac{B}{4}\left(\frac{B°}{2}\right)+2$	❻ $\frac{B}{4}\left(\frac{B°}{2}\right)+2$
유두너비	18	❼ $\frac{H}{4}\left(\frac{H°}{2}\right)+2$	❼ $\frac{H}{4}\left(\frac{H°}{2}\right)+2$
유두길이	24	❽ 목둘레 $\frac{B}{12}\left(\frac{B°}{6}\right)$	❽ 목둘레 $\frac{B}{12}\left(\frac{B°}{6}\right)$ −가로
앞길이	40.5	❾ $\frac{B}{12}\left(\frac{B°}{6}\right)$ 의 $\frac{1}{3}$ 양	❾ 목둘레 $\frac{B}{12}\left(\frac{B°}{6}\right)$ + ● −세로

■ 적용치수

B.N(ø)
F.N(★)

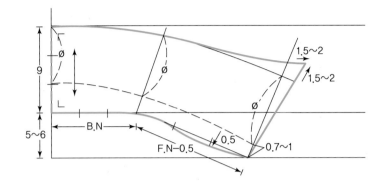

SECTION 03 | 재킷 소매(Two Piece Sleeve) 제도설계

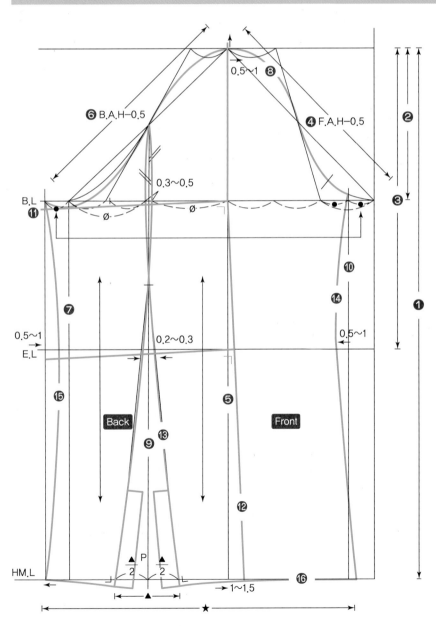

Tip 소매둘레 계산방법

★−소매둘레(25)=▲일 때 ▲을 P의 위치에서 빼고 남은 양이 구하고자 하는 소매단둘레(25) 치수이다.

■ 제도설계 순서

❶ 소매길이

❷ 소매산 : $\dfrac{F.A.H+B.A.H}{3}$

❸ 팔꿈치선(E.L)

$\dfrac{소매길이}{2}$ +3~4cm

❹ F.A.H−0.5

❺ 중심선 직선 내려긋기(기준선)

❻ B.A.H−0.5

❼ 옆선 직선 내려긋기(기준선)

❽ 소매산 곡선 그리기

❾ 뒤판 절개선 설정 후 직선 내려 긋기

❿ 앞판 절개선 설정 후 직선 내려 긋기

⓫ 앞판 소매 절개분량 뒤로 옮겨 붙여 그리기(기준선)

⓬ 중심선 이동(F→)하고 직선 내려긋기

⓭ 소매 뒤판 절개선 실선 그리기

⓮ 소매 안선 앞판 실선 그리기

⓯ 소매 안선 뒤판 실선 그리기

⓰ 밑단선 그리기

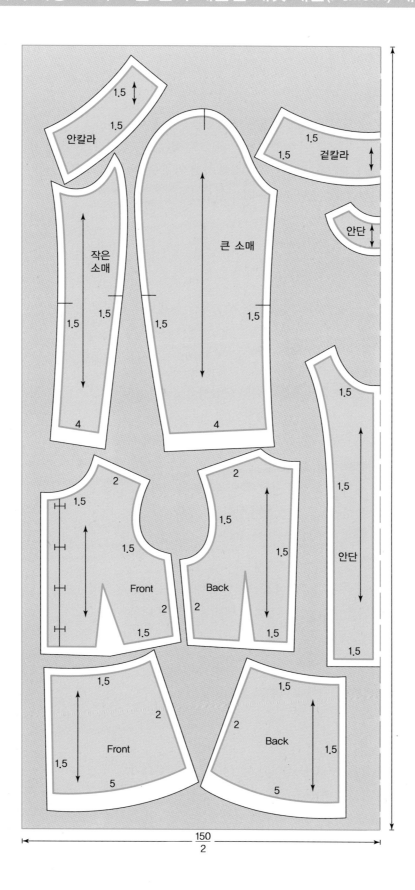

가봉시침 : 재단된 옷감의 시접을 접어서 겉에서 상침(누름)시침을 기본으로 한다.

(1) 소매(Sleeve) 제작

① 큰 소매 시접을 접어서 작은 소매 시접 위에 올려놓고 상침시침한다.

② 소매산은 시침실로 잔홈질하여 이즈(Ease)양을 조절하여 오그림한다.

③ 소매 옆선은 큰 소매 시접을 접어서 작은 소매 시접 위에 올려놓고 상침시침한다.

④ 소매 밑단은 완성선대로 시접을 접어올려 상침시침한다.

(2) 몸판(Bodice) 제작

1) 앞판

앞판의 다트(Dart) 시접을 중심 쪽으로 접어 상침시침 후 앞판의 허리선 시접을 접어서 페플럼 시접 위에 올려놓고 상침시침한다.

2) 뒤판

① 뒤판 다트(Dart) 시접을 중심 쪽으로 접어 상침시침한 후 뒤판 허리선 시접을 접어 페플럼 시접 위에 올려 놓고 상침시침한다.

② 뒤판 중심선은 왼쪽 시접을 접어 오른쪽 시접 위에 올려놓고 상침시침한다.

③ 뒤판 어깨선 시접을 접어 앞판 어깨선 시접 위에 올려놓고 상침시침한다.

④ 뒤판 옆선 시접을 접어 앞판 옆선 시접 위에 올려놓고 상침시침한다.

⑤ 몸판 밑단 시접을 완성선대로 접어 올려 상침시침한다.

(3) 소매(Sleeve) 달기

① 소매산의 이즈(Ease)양을 조절하여 오그림한 소매의 중심점과 몸판의 S.P점을 맞춘다.

② 몸판의 겉과 소매겉을 마주놓고 안쪽에서 시침(홈질)으로 달아준다.

(4) 칼라 달기

시접 없이 재단하여 칼라 위치에 올려놓고 상침시침한다.

(5) 단춧구멍 및 단추 달기

① 앞중심선은 완성선대로 시접을 접어서 상침시침으로 정리한다.

② 단춧구멍은 옷을 입었을 때 오른쪽에 위치하도록 시침실로 표시한다.

③ 크기에 맞게 시접 없이 재단한 단춧구멍 위에 단추를 올려놓고 상침시침으로 고정한다.

완성된 측면의 형태

완성된 뒤판의 형태

완성된 앞판의 형태

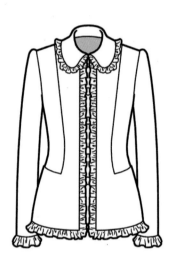

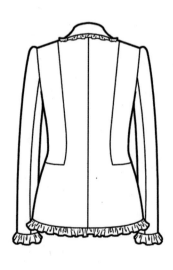

수티앵 or 하프 롤
칼라 프릴 재킷

SOUTIEN OR HALF ROLL
COLLAR FRIL JACKET

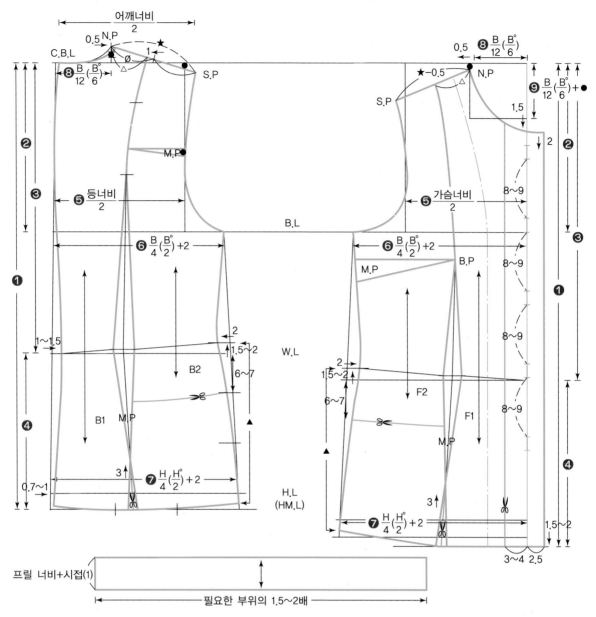

적용치수		제도설계 순서	
		뒤판(Back)	앞판(Front)
가슴둘레	84	❶ 재킷 길이	❶ 재킷 길이(60)+차이치수
엉덩이둘레	92		
재킷 길이	60	❷ 진동깊이 $\frac{B}{4}\left(\frac{B°}{2}\right)$ +1	❷ 진동깊이 $\frac{B}{4}\left(\frac{B°}{2}\right)$ +1
등길이	38	❸ 등길이(38)	❸ 앞길이(등길이+차이치수)
어깨너비	37	❹ 엉덩이 길이(H.L)	❹ 엉덩이 길이(H.L)
등너비	34	허리선(W.L)에서 18~20cm 아래로 내려줌	허리선(W.L)에서 18~20cm 아래로 내려줌
가슴너비	32	❺ $\frac{등너비}{2}$	❺ $\frac{가슴너비}{2}$
유두너비	18	❻ $\frac{B}{4}\left(\frac{B°}{2}\right)$ +2	❻ $\frac{B}{4}\left(\frac{B°}{2}\right)$ +2
유두길이	24	❼ $\frac{H}{4}\left(\frac{H°}{2}\right)$ +2	❼ $\frac{H}{4}\left(\frac{H°}{2}\right)$ +2
앞길이	40.5	❽ 목둘레 $\frac{B}{12}\left(\frac{B°}{6}\right)$	❽ 목둘레 $\frac{B}{12}\left(\frac{B°}{6}\right)$ -가로
		❾ $\frac{B}{12}\left(\frac{B°}{6}\right)$ 의 $\frac{1}{3}$ 양	❾ 목둘레 $\frac{B}{12}\left(\frac{B°}{6}\right)$ +● -세로

■ 제도설계 필요측정

B.N : 9

F.N : 12

칼라 너비 : 8~9

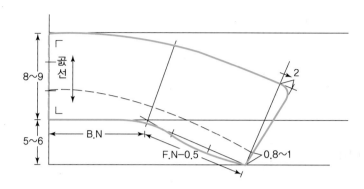

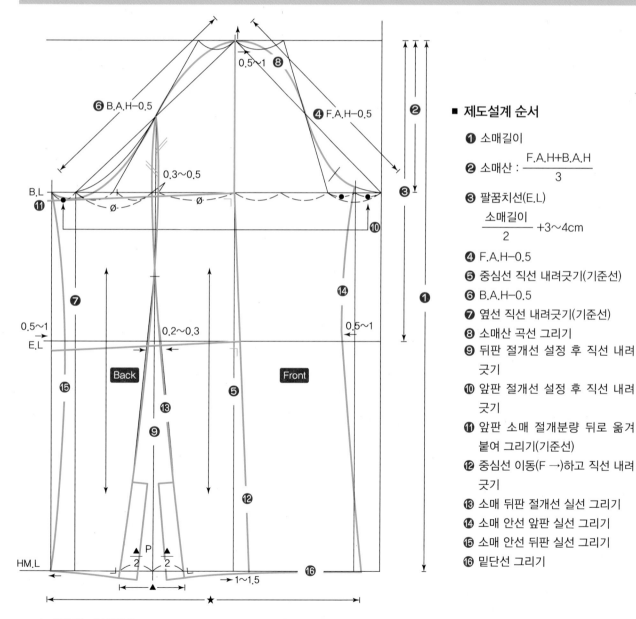

■ 제도설계 순서

❶ 소매길이

❷ 소매산 : $\dfrac{\text{F.A.H}+\text{B.A.H}}{3}$

❸ 팔꿈치선(E.L)

　$\dfrac{\text{소매길이}}{2}$ +3~4cm

❹ F.A.H−0.5

❺ 중심선 직선 내려긋기(기준선)

❻ B.A.H−0.5

❼ 옆선 직선 내려긋기(기준선)

❽ 소매산 곡선 그리기

❾ 뒤판 절개선 설정 후 직선 내려
　긋기

❿ 앞판 절개선 설정 후 직선 내려
　긋기

⓫ 앞판 소매 절개분량 뒤로 옮겨
　붙여 그리기(기준선)

⓬ 중심선 이동(F →)하고 직선 내려
　긋기

⓭ 소매 뒤판 절개선 실선 그리기

⓮ 소매 안선 앞판 실선 그리기

⓯ 소매 안선 뒤판 실선 그리기

⓰ 밑단선 그리기

Tip 소매둘레 계산방법

　★−소매둘레(25)=△일 때 △을 P의 위치에서 빼고 남은 양이 구하고자 하는 치수이다.

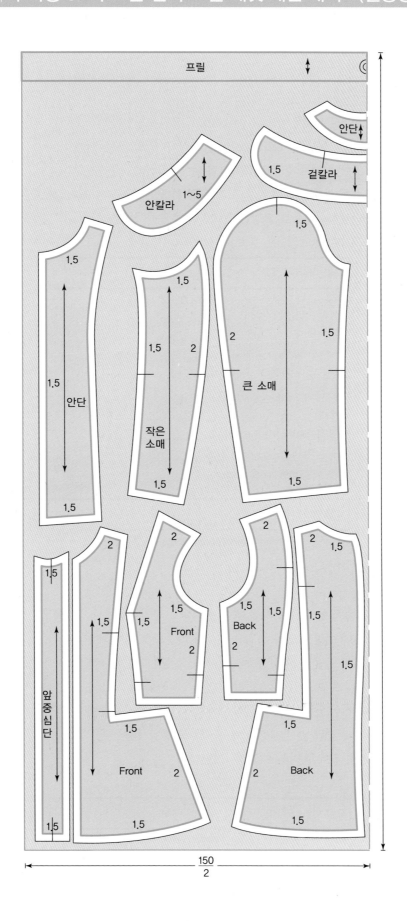

프릴

안단

안칼라 1~5

겉칼라 1.5

1.5 안단

1.5

1.5

1.5

작은 소매

1.5 1.5

2

큰 소매 1.5

2

1.5

1.5

2

2 1.5

2

앞중심단 1.5

1.5

1.5 Front 1.5 2

Back 1.5 1.5

1.5

1.5

1.5

1.5

Front 2

1.5

2 Back

1.5

1.5

$\dfrac{150}{2}$

가봉시침 : 재단된 옷감을 겉에서 시접을 접어 상침(누름)시침을 한다.

(1) 소매(Sleeve)제작

① 큰 소매 시접을 접어 작은 소매 시접 위에 올려놓고 상침시침한다.

② 소매산은 시침실로 잔홈질하여 이즈(Ease)양을 조절하며 오그림을 한다.

③ 소매 밑단 시접을 접어서 만들어진 프릴의 시접 위에 올려놓고 상침시침한다.

④ 소매의 앞선은 큰 소매 시접을 접어 작은 소매 시접 위에 올려놓고 상침시침한다.

⑤ 소매 밑단에 프릴을 상침시침으로 고정한다(프릴에 주름을 잡은 후).

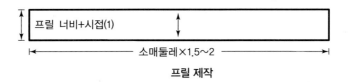

프릴 너비+시접(1)

소매둘레×1.5~2

프릴 제작

(2) 몸판(Bodice) 제작

1) 앞판(Front)

① 앞판의 중심폭에 앞판 패널폭의 시접을 접어 올려놓고 상침시침한다.

② 앞여밈 위치의 프릴을 만든 후 몸판 시접을 접어 프릴 시접 위에 올려놓고 상침시침한다.

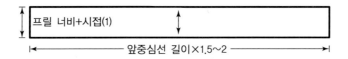

프릴 너비+시접(1)

앞중심선 길이×1.5~2

2) 뒤판(Back)

① 뒷중심선 왼쪽 시접을 접어 오른쪽 시접 위에 올려놓고 상침시침한다.

② 뒤판 중심폭 시접 위에 뒤판 패널폭 시접을 접어 올려놓고 상침시침한다.

③ 뒤판 옆선 시접을 접어 앞판 옆선 시접 위에 올려놓고 상침시침한다.

④ 몸판 밑단에 만들어진 프릴 시접 위에 몸판 시접을 접어 올려놓고 상침시침한다.

⑤ 뒤판 어깨선 시접을 접어 앞판 어깨선 시접 위에 올려놓고 상침시침한다.

⑥ 뒤판 옆선 시접을 접어 앞판 옆선 시접 위에 올려놓고 상침시침한다.

⑦ 몸판 밑단을 프릴시접 위에 올려놓고 상침시침한다.

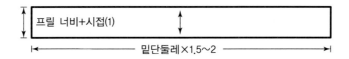

프릴 너비+시접(1)

밑단둘레×1.5~2

(3) 소매(Sleeve), 칼라(Collar) 달기

① 소매산에 잔홈질하여 이즈(Ease)양을 조절하며 오그림한 소매의 점과 몸판의 점을 맞추고 안쪽에서 홈질하여 달아준다.

② 칼라를 시접 없이 재단하여 칼라 끝선을 프릴시접에 올려놓고 상침시침한다.

③ 칼라 위치에 만들어진 칼라를 올려놓고 상침시침한다.

프릴 너비+시접(1)

칼라둘레×1.5~2

■ 소매 밑단, 칼라끝, 몸판 밑단, 앞중심 부위, 프릴 제작

① 프릴분량은 필요한 부위의 1.5~2배 정도의 길이로 길이부분 한쪽에 시접을 1로 두고 재단한다.

② 재단된 프릴 시접부분에 홈질하여 필요한 부위의 길이에 맞추어 개더(Gather)양을 조절하여 사용한다(소재에 따라 변수가 있음).

(4) 단춧구멍 및 단추 달기

① 단춧구멍은 옷을 입었을 때 오른쪽에 시침실로 표시한다.

② 단추는 크기에 맞추어 시접 없이 재단한 단춧구멍 위에 올려놓고 시침으로 고정한다.

완성된 측면의 형태

완성된 뒤판의 형태

완성된 앞판의 형태

테일러드 칼라 재킷은 몸판 옆선을 앞판과 뒤판 옆선 라인을 분리하지 않
고 붙인 상태의 1장으로 처리된 재킷으로 제작 또는 분리 제작 가능하다.

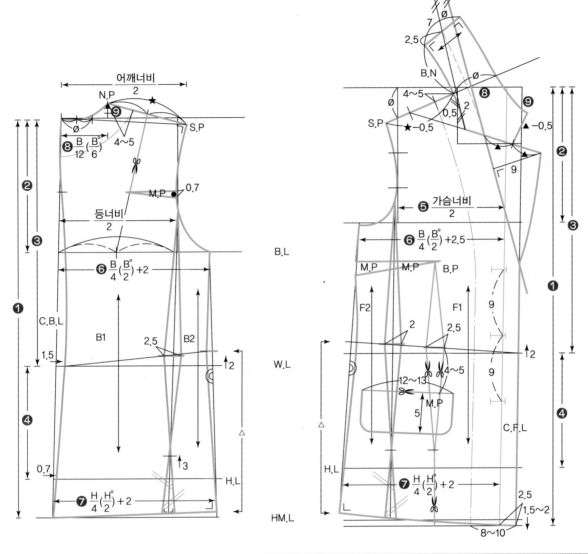

적용치수		제도설계 순서	
		뒤판(Back)	앞판(Front)
가슴둘레	84	❶ 재킷 길이	❶ 재킷 길이(65)+차이치수
엉덩이둘레	92	❷ 진동깊이 $\frac{B}{4}\left(\frac{B°}{2}\right)$	❷ 진동깊이 $\frac{B}{4}\left(\frac{B°}{2}\right)$+1
재킷 길이	65	❸ 등길이(38)	❸ 앞길이(등길이+차이치수)
등길이	38	❹ 엉덩이 길이(H.L)	❹ 엉덩이 길이(H.L)
어깨너비	37	허리선(W.L)에서 18~20cm 아래로 내려줌	허리선(W.L)에서 18~20cm 아래로 내려줌
등너비	34	❺ $\frac{등너비}{2}$	❺ $\frac{가슴너비}{2}$
가슴너비	32		
유두너비	18	❻ $\frac{B}{4}\left(\frac{B°}{2}\right)$+2	❻ $\frac{B}{4}\left(\frac{B°}{2}\right)$+2
유두길이	24	❼ $\frac{H}{4}\left(\frac{H°}{2}\right)$+2	❼ $\frac{H}{4}\left(\frac{H°}{2}\right)$+2
앞길이	40.5	❽ 목둘레 $\frac{B}{12}\left(\frac{B°}{6}\right)$	❽ 목둘레 $\frac{B}{12}\left(\frac{B°}{6}\right)$ −가로
		❾ $\frac{B}{12}\left(\frac{B°}{6}\right)$ 의 $\frac{1}{3}$ 양	❾ 목둘레 $\frac{B}{12}\left(\frac{B°}{6}\right)$ + ● −세로

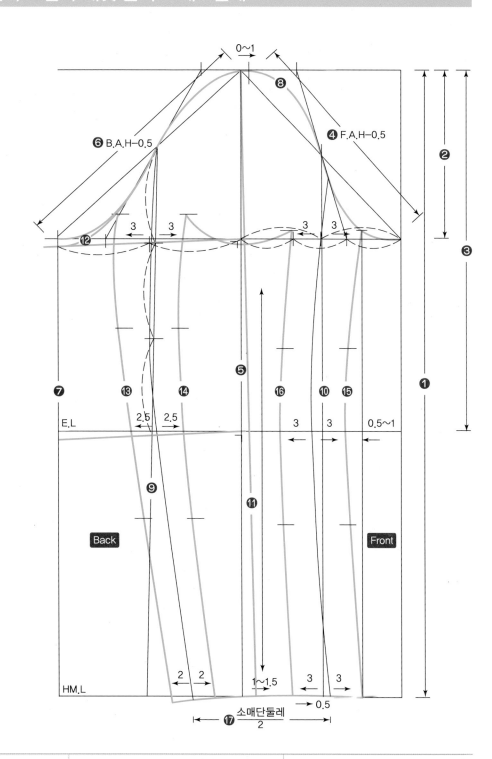

■ **적용치수**

F.A.H : 22.5

B.A.H : 23.5

소매길이 : 58

소매단둘레 : 25

■ **제도설계 순서**

❶ 소매길이	❻ B.A.H − 0.5	⓬ 소매산 재정리(곡선 긋기)
❷ 소매산 : $\dfrac{\text{F.A.H} + \text{B.A.H}}{3}$	❼ 옆선 직선 내려긋기(기준선)	⓭ 소매 뒤판 절개선 실선 긋기(大)
	❽ 소매산 곡선 그리기	⓮ 소매 뒤판 절개선 실선 긋기(小)
❸ 팔꿈치선 : $\dfrac{\text{소매길이}}{2} +3\sim4\text{cm}$	❾ 뒤판 절개선 설정 후 직선 내려긋기	⓯ 소매 앞판 절개선 실선 긋기(大)
❹ F.A.H − 0.5	❿ 앞판 절개선 설정 후 직선 내려긋기	⓰ 소매 앞판 절개선 실선 긋기(小)
❺ 중심선 직선 내려긋기(기준선)	⓫ 중심선 이동(F →)하고 직선 내려긋기	⓱ 소매 밑단 치수 설정 후 선긋기

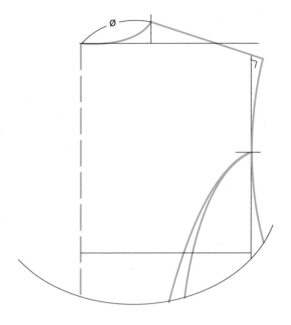

■ **칼라 제도설계 방법**

  B.N($\varnothing$) 치수 확인

■ **앞판 칼라 제도설계**

  ① (F.N.P)에서 2cm를 나간 후(→ 방향) ❶ Lapel선을 설정한다.

  ② ❷선을 넥포인트(N.P)에서 2cm 떨어진 Lapel선과 평행하게 직선을 긋는다.

  ③ 앞판 칼라(라펠) 기울기는 앞중심 목점과 어깨선의 $\frac{1}{3}$ 점을 연결한 선으로 기울기를 정한다(A).

  ④ N.P에서 ❷선에 B.N 치수를 적용한다.

  ⑤ ❷번 선과 직각을 이루도록 하면서 2.5cm 칼라의 각도를 설정하여 칼라를 그린다.

  ⑥ 뒤칼라 너비는 6~7cm를 적용하여 반드시 직각이 되게 한다.

  ⑦ 앞판 칼라(라펠)의 너비는 Lapel선에서 직각이 이루어지면서 8~9cm 너비가 되도록 정한다(A).

  ⑧ A점과 B점을 연결, 약간 곡선이 이루어지도록 선을 긋는다.

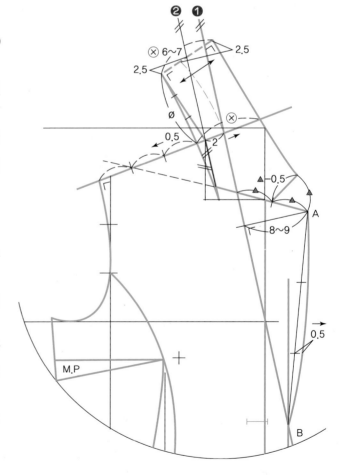

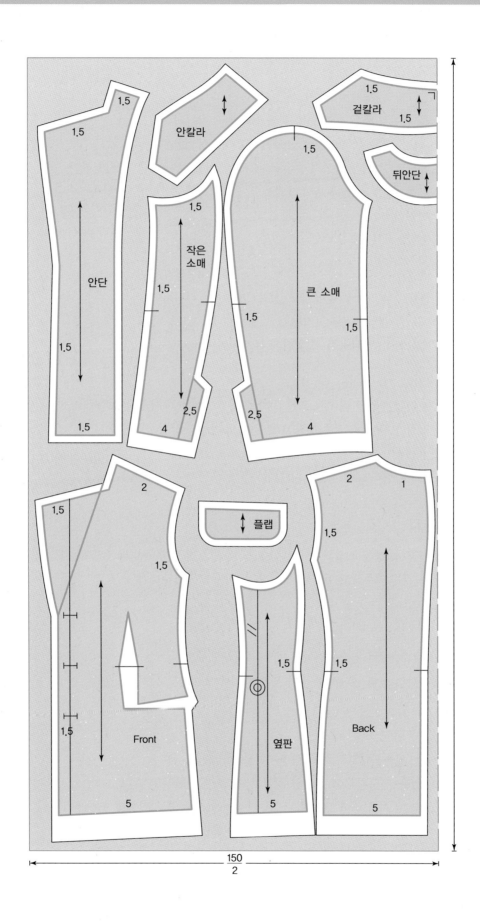

가봉시침 : 재단된 옷감의 시접을 접어 겉에서 상침(누름)시침을 기본으로 한다.

(1) 소매(Sleeve) 제작

① 큰 소매 시접을 접어서 작은 소매 시접 위에 올려놓고 상침시침한다.

② 소매산은 시침실로 잔홈질하여 이즈(Ease)양을 주어 오그림한다.

③ 소매 앞선은 큰 소매 시접을 접어서 작은 소매 시접 위에 올려놓고 상침시침한다.

④ 소매 밑단은 완성선대로 시접을 접어 올려놓고 상침시침한다.

(2) 몸판(Bodice) 제작

1) 앞판(Front)

① 앞판 다트시접을 중심 쪽으로 접어 놓고 상침시침한다.

② 포켓 위치 절개선은 새발뜨기로 고정한다.

③ 앞패널폭 시접을 접어 앞중심 쪽 시접 위에 올려놓고 상침시침한다.

2) 뒤판(Back)

① 뒤판 중심선은 왼쪽 시접을 접어서 오른쪽 시접 위에 올려놓고 상침시침한다.

② 뒤판 패널폭 시접을 접어 중심 쪽 몸판 시접 위에 올려놓고 상침시침한다.

③ 뒤판 어깨시접을 접어 앞판 어깨 시접 위에 올려놓고 상침시침한다.

④ 밑단은 완성선대로 접어 올려 상침시침한다.

(3) 소매(Sleeve) 달기

① 소매산의 이즈(Ease)양을 조절하여 오그림을 한 다음 소매의 중심점과 몸판의 S.P점을 맞춘다.

② 몸판 겉과 소매 겉을 마주놓고 안쪽에서 시침(홈질)으로 달아준다.

(4) 칼라(Collar), 포켓(Pocket) 달기

① 칼라는 시접 없이 재단하여 칼라위치에 맞추고 상침시침한다.

② 포켓의 플랩은 시접 없이 재단하여 몸판 포켓 위치에 올려놓고 상침시침한다.

(5) 단춧구멍 및 단추 달기

① 앞중심선 시접을 완성선대로 접어서 상침시침을 정리한다.

② 단춧구멍은 입었을 때 오른쪽에 위치하도록 시침실로 표시한다.

③ 단추는 크기에 맞게 시접 없이 재단한 단춧구멍 위에 올려놓고 시침으로 달아준다.

완성된 앞판의 형태

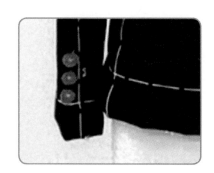

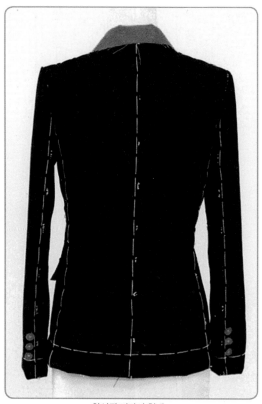

완성된 뒤판의 형태

피크드 칼라 재킷

PEAKED COLLAR JACKET

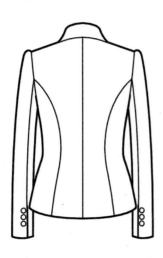

피크드 칼라 재킷은 피크드 칼라 테일러드 재킷에 프린세스라인
(Princess Line)을 적용한 가장 모던한 실루엣이다. 연령이나
체형, 유행에 따라 라펠의 크기나 재킷 길이에 변화를 주면서
즐겨 착용할 수 있는 아이템 중의 하나이다.

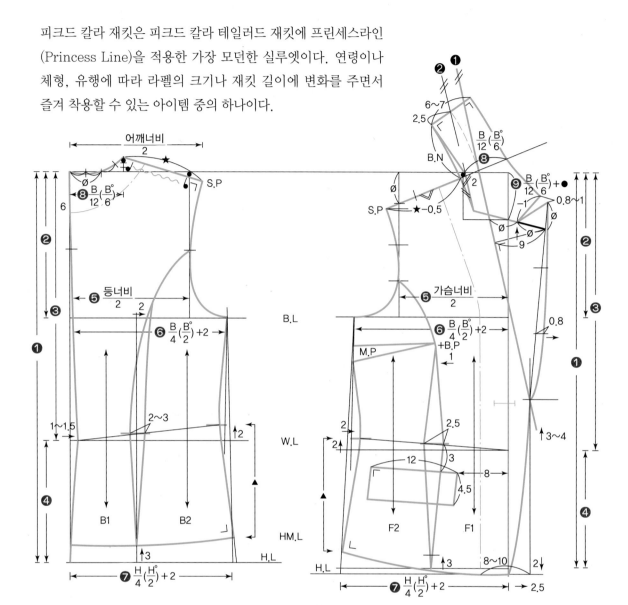

적용치수		제도설계 순서	
		뒤판(Back)	앞판(Front)
가슴둘레	84	❶ 재킷 길이	❶ 재킷 길이(53)+차이치수
엉덩이둘레	92	❷ 진동깊이 $\frac{B}{4}\left(\frac{B°}{2}\right)$	❷ 진동깊이 $\frac{B}{4}\left(\frac{B°}{2}\right)$ +1
재킷 길이	53	❸ 등길이 : 38	❸ 앞길이(등길이+차이치수)
등길이	38	❹ 엉덩이 길이(H.L)	❹ 엉덩이 길이(H.L)
어깨너비	37	허리선(W.L)에서 18~20cm 아래로 내려줌	허리선(W.L)에서 18~20cm 아래로 내려줌
등너비	34		
가슴너비	32	❺ $\frac{등너비}{2}$	❺ $\frac{가슴너비}{2}$
유두너비	18	❻ $\frac{B}{4}\left(\frac{B°}{2}\right)$ +2	❻ $\frac{B}{4}\left(\frac{B°}{2}\right)$ +2
유두길이	24	❼ $\frac{H}{4}\left(\frac{H°}{2}\right)$ +2	❼ $\frac{H}{4}\left(\frac{H°}{2}\right)$ +2
앞길이	40.5	❽ 목둘레 $\frac{B}{12}\left(\frac{B°}{6}\right)$	❽ 목둘레 $\frac{B}{12}\left(\frac{B°}{6}\right)$ −가로
		❾ $\frac{B}{12}\left(\frac{B°}{6}\right)$ 의 $\frac{1}{3}$ 양	❾ 목둘레 $\frac{B}{12}\left(\frac{B°}{6}\right)$ +● −세로

소매 패턴을 두 장으로 분리제작한 소매로서 한 장으로 제작된 소매보다 팔의 형태와 입체감을 더욱 잘 표현할 수 있는 제도설계방법이다. 주로 재킷, 코트 등 정장, 외출용 의복의 제도설계에 많이 활용된다.

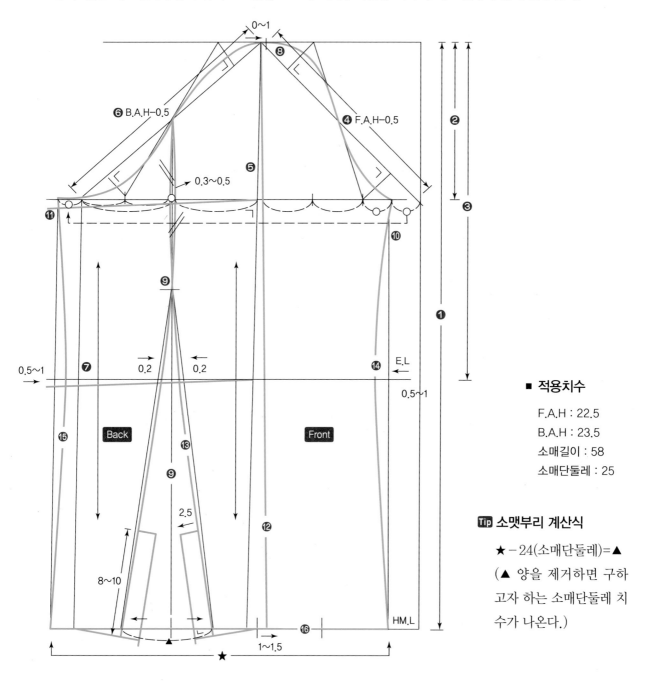

■ 적용치수

F.A.H : 22.5
B.A.H : 23.5
소매길이 : 58
소매단둘레 : 25

Tip 소맷부리 계산식

★ − 24(소매단둘레)=▲
(▲ 양을 제거하면 구하고자 하는 소매단둘레 치수가 나온다.)

■ 제도설계 순서

❶ 소매길이

❷ 소매산 : $\dfrac{F.A.H + B.A.H}{3}$

❸ 팔꿈치선 : $\dfrac{소매길이}{2}$ +3~4cm

❹ F.A.H − 0.5

❺ 중심선 직선 내려긋기(기준선)

❻ B.A.H − 0.5

❼ 옆선 직선 내려긋기(기준선)

❽ 소매산 곡선 그리기

❾ 뒤판 절개선 설정 후 직선 내려긋기

❿ 앞판 절개선 설정 후 직선 내려긋기

⓫ 앞판 소매 절개분량 뒤로 옮겨 붙여 그리기(기준선)

⓬ 중심선 이동(F →)하고 직선 내려긋기

⓭ 소매 뒤판 절개선 실선 그리기

⓮ 소매 안선 앞판 실선 그리기

⓯ 소매 안선 뒤판 실선 그리기

⓰ 밑단선 그리기

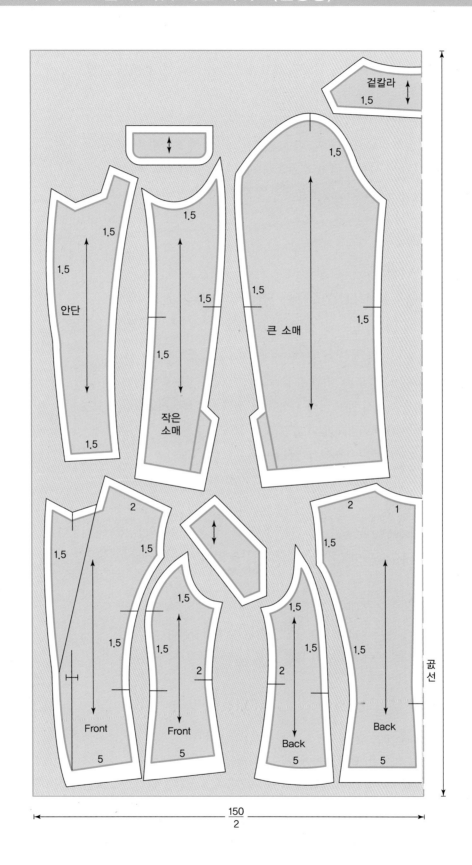

겉칼라
1.5

안단
1.5
1.5
1.5
1.5

1.5
1.5
1.5
작은
소매
1.5

큰 소매
1.5
1.5
1.5
1.5

2
1.5
1.5
1.5

1.5
1.5
1.5
2
Front
5

1.5
1.5
2
Front
5

2
1.5
2
Back
5

2
1
1.5
1.5
Back
5

굵
선

150
2

가봉시침 : 재단된 옷감의 시접을 접어 겉에서 상침(누름)시침을 기본으로 한다.

(1) 소매(Sleeve) 제작

① 큰 소매 시접을 접어서 작은 소매 시접 위에 올려놓고 상침시침한다.

② 소매산은 시침실로 잔홈질하여 이즈(Ease)양을 조절하며 오그림을 한다.

③ 소매 앞선은 큰 소매 시접을 접어 작은 소매 시접 위에 올려놓고 상침시침한다.

④ 소매 밑단을 완성선대로 시접을 접어 올려 상침시침한다.

(2) 몸판(Bodice) 제작

1) 앞판(Front)

앞판 패널폭의 시접을 접어서 앞판 중심폭 시접 위에 올려놓고 상침시침한다.

2) 뒤판(Back)

① 뒷중심선은 왼쪽 시접을 접어 오른쪽 시접 위에 올려놓고 상침시침한다.

② 뒤판 패널폭의 시접을 접어서 뒤판 중심폭 시접 위에 올려놓고 상침시침한다.

③ 뒤판 어깨 시접을 접어서 앞판 어깨 시접 위에 올려놓고 상침시침한다.

④ 몸판 옆선 시접은 뒤판 시접을 접어 앞판 시접 위에 올려놓고 상침시침한다.

⑤ 밑단 시접은 완성선을 접어 올려 상침시침한다.

(3) 소매(Sleeve) 달기

① 소매산의 이즈(Ease)양을 조절 오그림한 소매의 중심점과 몸판의 S.P점을 맞춘다.

② 몸판의 겉과 소매겉을 마주놓고 안쪽에서 시침(홈질)으로 달아준다.

(4) 칼라(Collar), 포켓(Pocket) 달기

① 칼라는 시접 없이 재단하여 칼라 위치에 맞추고 상침시침한다.

② 포켓의 플랩은 시접 없이 재단하여 몸판 포켓 위치에 상침시침한다.

(5) 단춧구멍 및 단추 달기

① 앞중심선 완성선대로 시접을 접어서 상침시침으로 정리한다.

② 단춧구멍은 옷을 입었을 때 오른쪽에 위치하도록 시침실로 표시한다.

③ 단추는 크기에 맞게 시접 없이 재단한 단춧구멍 위에 올려놓고 시침으로 고정한다.

완성된 피크드 칼라 재킷

완성된 앞판의 형태

완성된 뒤판의 형태

완성된 측면의 형태

피크드 칼라
페플럼 재킷

PEAKED COLLAR
PEPLUM JACKET

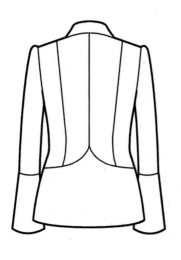

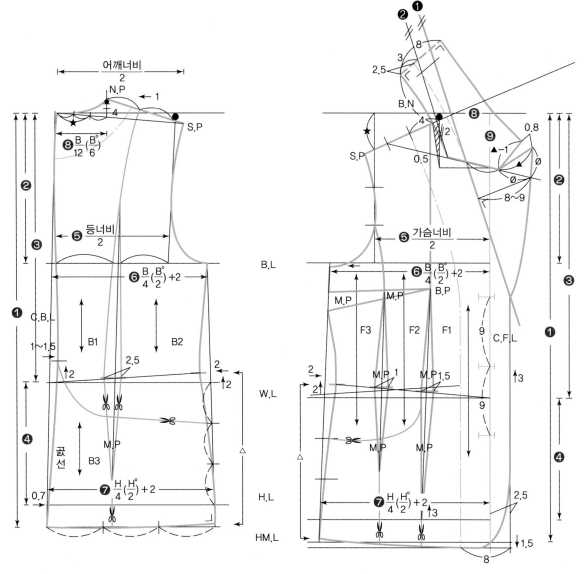

적용치수		제도설계 순서	
		뒤판(Back)	앞판(Front)
가슴둘레	84	❶ 재킷 길이	❶ 재킷 길이(60)+차이치수
엉덩이둘레	92	❷ 진동깊이 $\frac{B}{4}\left(\frac{B°}{2}\right)$	❷ 진동깊이 $\frac{B}{4}\left(\frac{B°}{2}\right)$+1
재킷 길이	60	❸ 등길이 : 38	❸ 앞길이(등길이+차이치수)
등길이	38	❹ 엉덩이 길이(H.L)	❹ 엉덩이 길이(H.L)
어깨너비	37	허리선(W.L)에서 18~20cm 아래로 내려줌	허리선(W.L)에서 18~20cm 아래로 내려줌
등너비	34		
가슴너비	32	❺ $\frac{\text{등너비}}{2}$	❺ $\frac{\text{가슴너비}}{2}$
유두너비	18	❻ $\frac{B}{4}\left(\frac{B°}{2}\right)$+2	❻ $\frac{B}{4}\left(\frac{B°}{2}\right)$+2
유두길이	24	❼ $\frac{H}{4}\left(\frac{H°}{2}\right)$+2	❼ $\frac{H}{4}\left(\frac{H°}{2}\right)$+2
앞길이	40.5	❽ 목둘레 $\frac{B}{12}\left(\frac{B°}{6}\right)$	❽ 목둘레 $\frac{B}{12}\left(\frac{B°}{6}\right)$ -가로
		❾ $\frac{B}{12}\left(\frac{B°}{6}\right)$ 의 $\frac{1}{3}$ 양	❾ 목둘레 $\frac{B}{12}\left(\frac{B°}{6}\right)$+● -세로

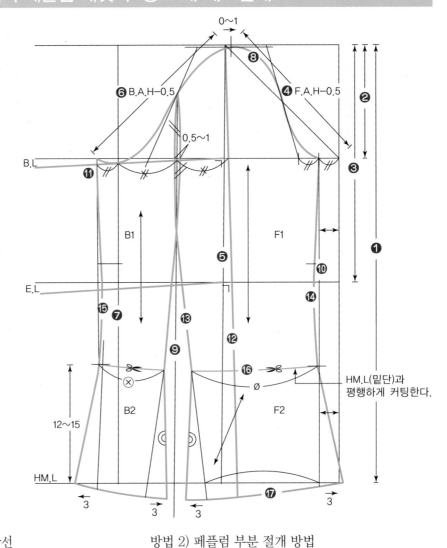

■ **적용치수**

F.A.H : 22.5

B.A.H : 23.5

소매길이 : 58

소매단둘레 : 35~37

방법 1) 소매 아래 절개 부분 합선

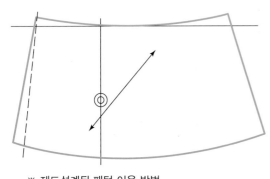

※ 제도설계된 패턴 이용 방법

방법 2) 페플럼 부분 절개 방법

└─ 디자인에 적합하게 적당량을 벌린다.

■ **제도설계 순서**

❶ 소매길이

❷ 소매산 : $\dfrac{F.A.H + B.A.H}{3}$

❸ 팔꿈치선 : $\dfrac{소매길이}{2}$ +3~4cm

❹ F.A.H − 0.5

❺ 중심선 직선 내려긋기(기준선)

❻ B.A.H − 0.5

❼ 옆선 직선 내려긋기(기준선)

❽ 소매산 곡선 그리기

❾ 뒤판 절개선 설정 후 직선 내려긋기

❿ 앞판 절개선 설정 후 직선 내려긋기

⓫ 앞판 소매 절개분량 뒤로 옮겨 붙여 그리기(기준선)

⓬ 중심선 이동(F →)하고 직선 내려 긋기

⓭ 소매 뒤판 절개선 실선 그리기

⓮ 소매 안선 앞판 실선 그리기

⓯ 소매 안선 뒤판 실선 그리기

⓰ 소매 페플럼선 설정

⓱ 밑단선 그리기

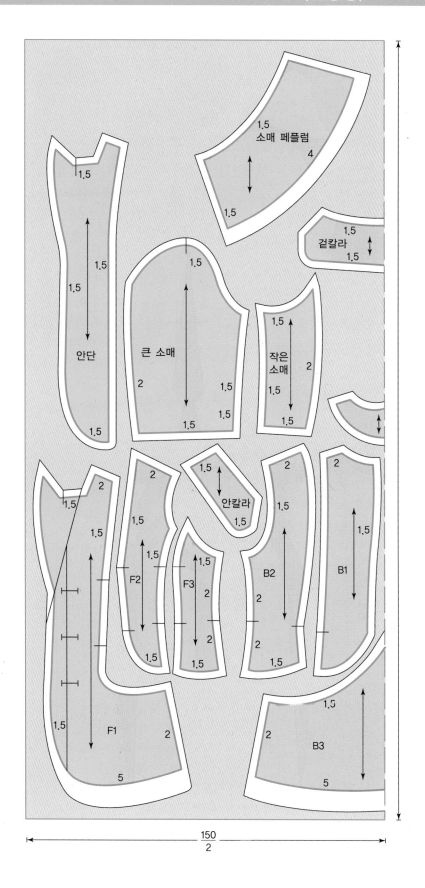

가봉시침 : 재단된 옷감의 시접을 접어 겉에서 상침(누름)시침을 기본으로 한다.

(1) 소매(Sleeve) 제작

① 큰 소매의 시접을 접어 작은 소매 시접 위에 올려놓고 상침시침한다.

② 소매산은 시침실(목면사)로 잔홈질하여 이즈(Ease)양을 조절하며 오그림한다.

③ 소매의 중간 아래 밑단 시접을 접어 페플럼 시접 위에 올려놓고 상침시침한다.

④ 소매 앞선은 큰 소매 시접을 접어 작은 소매 시접 위에 올려놓고 상침시침한다.

⑤ 소매 밑단 시접을 접어 올린 후 시침한다.

(2) 몸판(Bodice) 제작

1) 앞판(Front)

F_3의 시접을 접어서 앞판 F_2의 시접 위에 올려놓고 앞판 F_2의 시접을 접어 앞판 중심 쪽 F_1의 시접 위에 올려놓고 상침시침한다.

2) 뒤판(Back)

① 뒷중심선은 왼쪽 시접을 접어 오른쪽 시접 위에 올려놓고 상침시침한다.

② 뒤판 패널폭의 시접을 접어서 중심폭 시접 위에 올려놓고 상침시침한다.

③ 뒤판 몸판 시접을 접어서 페플럼 시접 위에 올려놓고 상침시침한다.

④ 뒤판 어깨선 시접을 접어 앞판 어깨선 시접 위에 올려놓고 상침시침한다.

⑤ 뒤판 옆선 시접을 접어 앞판 옆선 시접 위에 올려놓고 상침시침한다.

⑥ 몸판 밑단 시접을 완성선대로 접어 올려 상침시침한다.

(3) 소매(Sleeve) 달기

소매산에 잔홈질하여 이즈(Ease)양을 조절하며 오그림한 소매의 중심점과 몸판의 S.P점을 맞추고 안쪽에서 홈질로 시침한다.

(4) 칼라(Collar) 달기

칼라는 시접 없이 재단하여 칼라 위치 시접 위에 올려놓고 상침시침한다.

(5) 단춧구멍 및 단추 달기

① 앞중심선은 시접을 완성선대로 접어 상침시침으로 정리한다.

② 단춧구멍은 옷을 입었을 때 오른쪽에 위치하도록 시침실로 표시한다.

③ 단추는 크기에 맞추어 시접 없이 재단한 단춧구멍 위에 올려놓고 시침으로 고정한다.

완성된 앞판의 형태

완성된 뒤판의 형태

셔츠 칼라
재킷
SHIRTS COLLAR JACKET

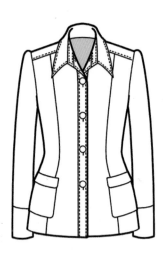

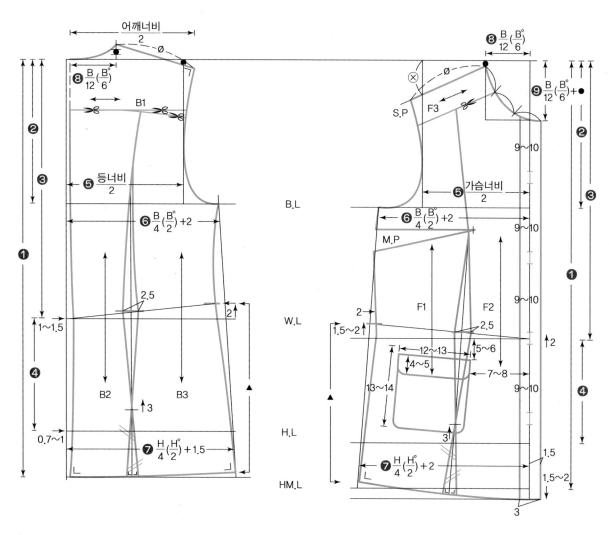

적용치수		제도설계 순서	
		뒤판(Back)	앞판(Front)
가슴둘레	84	❶ 재킷 길이	❶ 재킷 길이(65)+차이치수
엉덩이둘레	92	❷ 진동깊이 : $\frac{B}{4}\left(\frac{B°}{2}\right)$	❷ 진동깊이 : $\frac{B}{4}\left(\frac{B°}{2}\right)+1$
재킷 길이	65	❸ 등길이 : 38	❸ 앞길이 또는 (등길이+차이치수)
등길이	38	❹ 엉덩이 길이(H.L)	❹ 엉덩이 길이(H.L)
어깨너비	37	허리선(W.L)에서 18~20cm 아래로 내려줌	허리선(W.L)에서 18~20cm 아래로 내려줌
등너비	34		
가슴너비	32	❺ $\frac{등너비}{2}$	❺ $\frac{가슴너비}{2}$
유두너비	18	❻ $\frac{B}{4}\left(\frac{B°}{2}\right)+2$	❻ $\frac{B}{4}\left(\frac{B°}{2}\right)+2$
유두길이	24	❼ $\frac{H}{4}\left(\frac{H°}{2}\right)+2$	❼ $\frac{H}{4}\left(\frac{H°}{2}\right)+2$
앞길이	40.5	❽ 목둘레 $\frac{B}{12}\left(\frac{B°}{6}\right)$	❽ 목둘레 $\frac{B}{12}\left(\frac{B°}{6}\right)$ −가로
		❾ $\frac{B}{12}\left(\frac{B°}{6}\right)$ 의 $\frac{1}{3}$ 양	❾ 목둘레 $\frac{B}{12}\left(\frac{B°}{6}\right)$ +● −세로

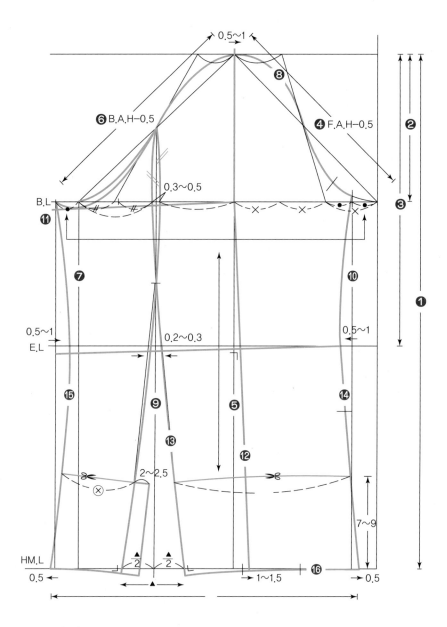

■ **적용치수**

F.A.H : 22.5
B.A.H : 23.5
소매길이 : 58
소매단둘레 : 25

Tip 소매단둘레 계산방법

(★)제도설계치수(34.5)−소매단둘레(25)=▲라면 ▲를 P 위치에서 빼고 남는 양이 구하고자 하는 소매단
둘레(25) 치수이다.

■ **제도설계 순서**

❶ 소매길이	❻ B.A.H − 0.5	⓬ 중심선 이동(F →)하고 직선 내려
❷ 소매산 : $\dfrac{\text{F.A.H} + \text{B.A.H}}{3}$	❼ 옆선 직선 내려긋기(기준선)	긋기
	❽ 소매산 곡선 그리기	⓭ 소매 뒤판 절개선 실선 그리기
❸ 팔꿈치선 : $\dfrac{\text{소매길이}}{2}$+3∼4cm	❾ 뒤판 절개선 설정 후 직선 내려긋기	⓮ 소매 안선 앞판 실선 그리기
❹ F.A.H − 0.5	❿ 앞판 절개선 설정 후 직선 내려긋기	⓯ 소매 안선 뒤판 실선 그리기
❺ 중심선 직선 내려긋기(기준선)	⓫ 앞판 소매 절개분량 뒤로 옮겨 붙여 그리기(기준선)	⓰ 밑단선 그리기
		⓱ 커프스 절개선 위치 설정

■ **적용치수**

소매의 아래부분의 절개분을 그대로 적용
⊗과 ∅의 치수를 확인적용

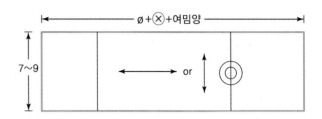

🪡 SECTION 04 │ 셔츠 칼라 제도설계

■ **적용치수**

B.N ∅
F.N ★
칼라 너비 : 6~7cm
밴드높이 : 4cm

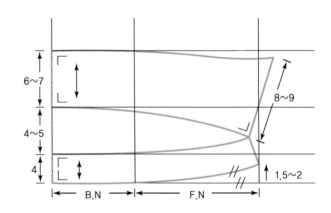

칼라의 너비와 크기는 디자인에 따라 증감할 수 있다.

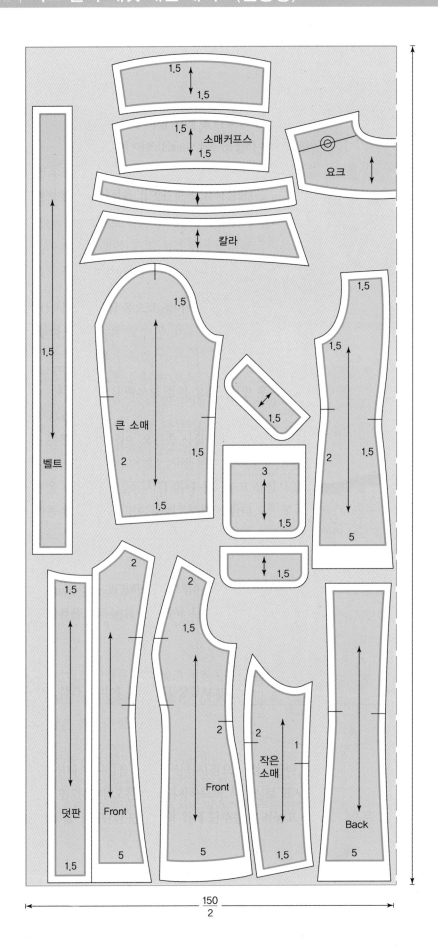

가봉시침 : 재단된 옷감의 시접을 접어 겉에서 상침(누름)시침을 기본으로 한다.

(1) 소매(Sleeve) 제작

① 큰 소매 시접을 접어서 작은 소매 시접 위에 올려놓고 상침시침한다.

② 소매산은 목면사(시침)로 잔홈질하여 이즈(Ease)양을 조절하며 오그림한다.

③ 소매 앞선은 큰 소매 시접을 접어 작은 소매 시접 위에 올려놓고 상침시침한다.

④ 소매 밑단은 커프스(Cuffs)를 시접 없이 완성선대로 재단하여 소매 중간 시접 위에 올려놓고 상침시침한다.

(2) 몸판(Bodice) 제작

1) 앞판(Front)

① 앞판은 중심폭 시접을 접어서 패널폭 시접 위에 올려놓고 상침시침한다.

② 앞판 요크 시접을 접어서 몸판 시접 위에 올려놓고 상침시침한다.

③ 앞중심, 플래킷(단지퍼) 시접을 접어서 몸판 위에 올려놓고 상침시침한다.

2) 뒤판(Back)

① 뒤판 중심선은 왼쪽 시접을 접어 오른쪽 시접 위에 올려놓고 상침시침하고 중심폭의 시접을 접어서 패널폭 시접 위에 올려놓고 상침시침한다.

② 뒤판 요크의 시접을 접어서 몸판 시접 위에 올려놓고 상침시침한다.

③ 뒤판 옆선 시접을 접어서 앞판 옆선 시접 위에 올려놓고 상침시침한다.

④ 밑단은 완성선대로 시접을 접어올려 상침시침한다.

(3) 소매(Sleeve) 달기

① 소매산의 이즈(Ease)양을 조절하며 오그림한 후 소매의 중심점과 몸판의 S.P점을 맞춘다.

② 몸판 겉과 소매 겉을 마주보게 놓고 안쪽에서 홈질시침한다.

(4) 칼라(Collar), 포켓(Pocket) 달기

① 칼라는 시접 없이 밴드의 위쪽만 시접을 주고 재단하여 밴드 위에 칼라를 올려놓고 상침시침한다.

② 포켓과 플랩은 시접 없이 재단하여 포켓 위치에 상침시침한다.

(5) 단춧구멍 및 단추 달기

① 앞중심선은 시접을 완성선대로 접은 후 시침(홈질)으로 정리한다.

② 단춧구멍은 입었을 때 오른쪽에 위치하도록 시침실로 표시한다.

③ 단추는 재단한 단춧구멍 표시 위에 올려놓고 상침시침한다.

완성된 앞판의 형태

완성된 뒤판의 형태

더블 브레스티드
테일러 재킷
DOUBLE BREASTED
TAILORED JACKET

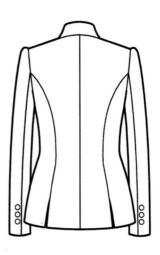

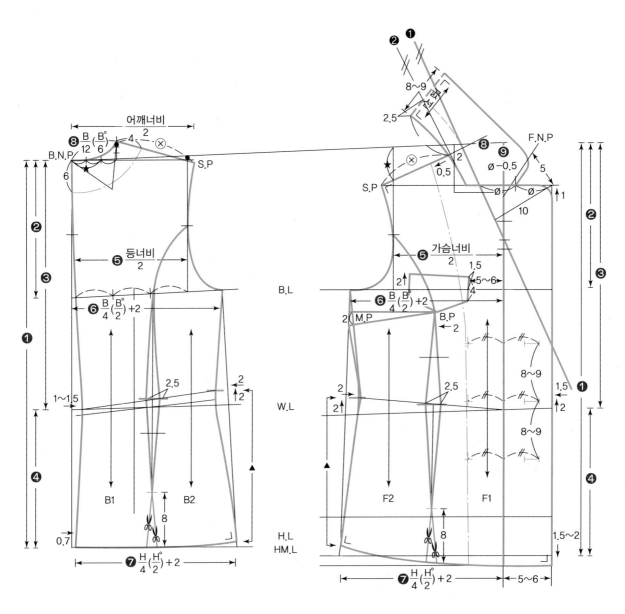

적용치수		제도설계 순서	
		뒤판(Back)	앞판(Front)
가슴둘레	84		
엉덩이둘레	92	❶ 재킷 길이	❶ 재킷 길이(58)+차이치수
재킷 길이	58	❷ 진동깊이 : $\frac{B}{4}\left(\frac{B^\circ}{2}\right)+1$	❷ 진동깊이 : $\frac{B}{4}\left(\frac{B^\circ}{2}\right)+1$
등길이	38	❸ 등길이 : 38	❸ 앞길이 또는 (등길이+2~3 차이치수)
어깨너비	37	❹ 엉덩이 길이(H.L)	❹ 엉덩이 길이(H.L)
등너비	34	허리선(W.L)에서 18~20cm 아래로 내려줌	허리선(W.L)에서 18~20cm 아래로 내려줌
가슴너비	32	❺ $\frac{등너비}{2}$	❺ $\frac{가슴너비}{2}$
유두너비	18	❻ $\frac{B}{4}\left(\frac{B^\circ}{2}\right)+2$	❻ $\frac{B}{4}\left(\frac{B^\circ}{2}\right)+2$
유두길이	24	❼ $\frac{H}{4}\left(\frac{H^\circ}{2}\right)+2$	❼ $\frac{H}{4}\left(\frac{H^\circ}{2}\right)+2$
앞길이	40.5	❽ 목둘레 $\frac{B}{12}\left(\frac{B^\circ}{6}\right)$	❽ 목둘레 $\frac{B}{12}\left(\frac{B^\circ}{6}\right)$ −가로
		❾ $\frac{B}{12}\left(\frac{B^\circ}{6}\right)$ 의 $\frac{1}{3}$ 양	❾ 목둘레 $\frac{B}{12}\left(\frac{B^\circ}{6}\right)$ +● −세로

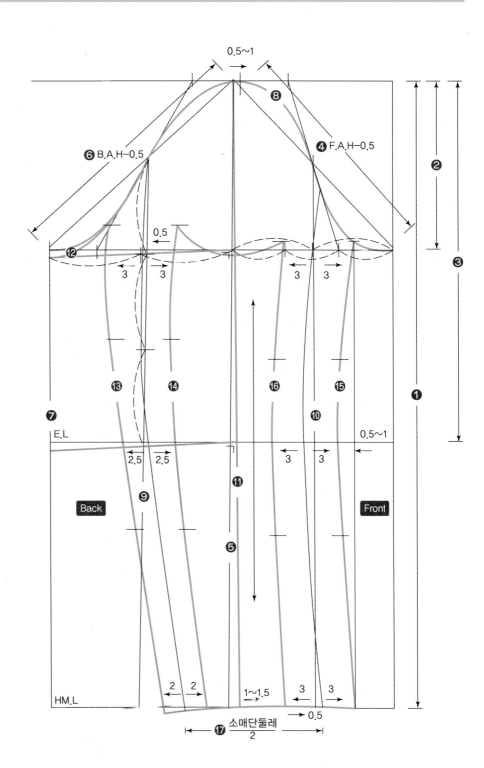

■ **적용치수**

F.A.H : 23.5
B.A.H : 24.5
소매길이 : 58
소매단둘레 : 25

■ **제도설계 순서**

❶ 소매길이

❷ 소매산 : $\dfrac{F.A.H + B.A.H}{3}$

❸ 팔꿈치선 : $\dfrac{소매길이}{2}$ +3~4cm

❹ F.A.H − 0.5

❺ 중심선 직선 내려긋기(기준선)

❻ B.A.H − 0.5

❼ 옆선 직선 내려긋기(기준선)

❽ 소매산 곡선 그리기

❾ 뒤판 절개선 설정 후 직선 내려긋기

❿ 앞판 절개선 설정 후 직선 내려긋기

⓫ 중심선 이동(F →)하고 직선 내려긋기

⓬ 소매산 재정리(곡선 긋기)

⓭ 소매 뒤판 절개선 실선 긋기(大)

⓮ 소매 뒤판 절개선 실선 긋기(小)

⓯ 소매 앞판 절개선 실선 긋기(大)

⓰ 소매 앞판 절개선 실선 긋기(小)

⓱ 소매 밑단 치수 설정 후 선긋기

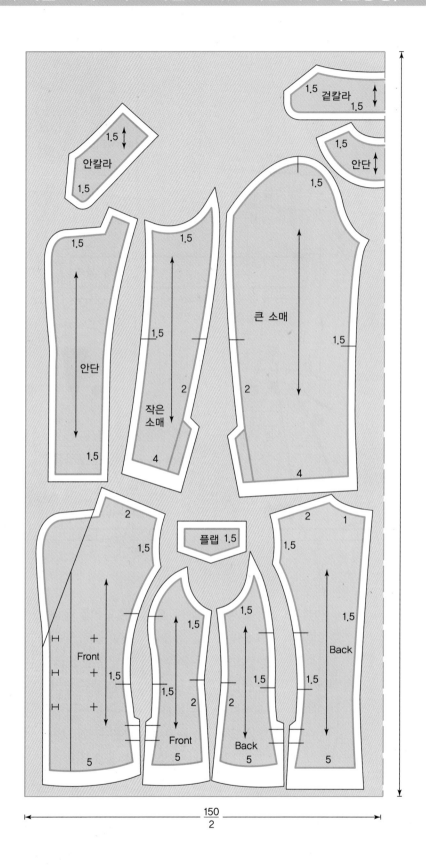

가봉시침 : 재단된 옷감의 겉에서 시접을 접어 상침(누름)시침을 한다.

(1) 소매(Sleeve) 제작

① 큰 소매 시접을 접어서 작은 소매 위에 올려놓고 상침시침한다.

② 소매산은 시침실(목면사)로 잔홈질하여 이즈(Ease)양을 조절하며 오그림을 한다.

③ 소매 앞선은 큰 소매 시접을 접어 작은 소매 시접 위에 올려놓고 상침시침한다.

④ 소매 밑단은 완성선대로 시접을 접어 올려 상침시침한다.

(2) 몸판(Bodice) 제작

1) 앞판(Front)

앞판의 패널폭 시접을 접어 앞중심폭 시접 위에 올려놓고 상침시침한다(트임양을 남김).

2) 뒤판(Back)

① 뒷중심선 왼쪽 시접을 접어 오른쪽 시접 위에 올려놓고 상침시침한다.

② 뒤판의 패널폭 시접을 접어 중심폭 시접 위에 올려놓고 상침시침한다(트임양을 남김).

③ 뒤판 어깨선 시접을 접어 앞판 어깨선 시접 위에 올려놓고 상침시침한다.

④ 뒤판 옆선 시접을 접어 앞판 옆선 시접 위에 올려놓고 상침시침한다.

⑤ 밑단 시접을 완성선대로 접어올려 상침시침한다.

⑥ 트임을 상침시침으로 정리한다.

(3) 소매(Sleeve) 달기

소매산은 이즈(Ease)양을 조절하여 오그림한 소매의 중심점과 몸판의 S.P점을 맞추고 안쪽에서 홈질로 시침하여 달아준다(소매 겉과 몸판 겉을 마주놓고).

(4) 칼라(Collar), 플랩(Flap) 달기

① 칼라는 시접 없이 재단하여 칼라 위치의 시접 위에 올려놓고 상침시침한다.

② 플랩(Flap)은 시접 없이 재단하여 플랩 위치에 놓고 상침시침한다.

(5) 단춧구멍 및 단추 달기

① 앞중심선 완성선대로 시접을 접어서 상침시침으로 정리한다.

② 단춧구멍은 옷을 입었을 때 오른쪽에 시침실로 표시한다.

③ 단추는 시접 없이 재단된 단춧구멍 위에 올려놓고 상침시침한다.

완성된 앞판의 형태

완성된 뒤판의 형태

완성된 측면의 형태

■ 패턴

표제어	대응외국어	표준동의어
가다(가타)	Shape	형태
가다쿠세(카타쿠세)	Ease	어깨오그림
나마꼬(나마코)	Hip Curve	힙곡자
데끼패턴	Master Pattern	완성패턴
뒤시리	Back Crotch Length	샅뒤길이
상견	Sqaure Shoulder	솟은어깨
소대야마(소데야마)	Sleeve Cap	소매산
소데하바	Sleeve Breadth	소매너비
스소마와리	Hem Line	단둘레
앞시리	Front Crotch Length	샅앞길이
유토리	Ease	여유분
이세	Ease	오그림분

TECHNICAL PATTERN-MAKING
REFERENCE 참고문헌

- Kopp/Rolfo/Zelin/Gross, Designing Apparel Flat Pattern
- Helen Joseph Armstrong, Poratternmaking for Fashion Design, Longman
- Norma R. Hollen, Pattern Making by the Flat Pattern Method, Burgess
- Publishing Company, Minneapolis, Minnesota
- 柳澤曾子, 『被服體型學』, 1982
- 柳澤曾子, 原田靜技 共著, 衣服 Pattern 基礎應用, 紫田書店, 1983
- 수잔 M. 와킨즈 저 · 최혜선 역, 『의복과 환경』, 이화여자대학교 출판부, 2003
- 패션 큰 사전 편찬위원회, 『패션 큰 사전』, 교문사, 1999
- 김혜경, 『피복 인간 공학 실험 설계방법론』, 교문사, 2006
- 천종숙, 『의류상품학』, 교문사, 2005

- 수입의류 부자재 전문 동명상사(E-mail : taehwanki@hanafos.com)
- (주)부라더 미싱(http://www.brother.co.kr)
- 기술표준원(http://www.ats.go.kr)
- 한국의류산업학회(http://www.clothing.or.kr)

테크니컬 패턴메이킹 작업형

발 행 일 / 2014. 8. 10 초판 발행
　　　　　2018. 3. 10 개정1판1쇄

저　　자 / 김경애
발 행 인 / 정용수
발 행 처 / 예문사
주　　소 / 경기도 파주시 직지길 460(출판도시) 도서출판 예문사
T E L / 031) 955-0550
F A X / 031) 955-0660
등록번호 / 11-76호

정가 : 27,000원

예문사 홈페이지 http://www.yeamoonsa.com

ISBN 978-89-274-2621-9 13590

이 도서의 국립중앙도서관 출판예정도서목록(CIP)은 서지정보유통지원시스템 홈페이지(http://seoji.nl.go.kr)와 국가자료공동목록시스템(http://www.nl.go.kr/kolisnet) 에서 이용하실 수 있습니다. (CIP제어번호 : CIP2018005160)